職場
認真
13

打造100倍全球大市場

RETHINKING COMPETITIVE ADVANTAGE

New Rules for the Digital Age

數位企業和傳統企業數位轉型必備的**六大新競爭優勢**

RAM CHARAN
&
GERI WILLIGAN

瑞姆・夏藍、潔莉・韋利根——著　龐元媛——譯

國內、外各產業界菁英好評如潮

美國管理大師瑞姆・夏藍的新著《打造100倍全球大市場》來得正是時候，對於被外界力量逼得迫切需要轉型、卻不知從何開始的台灣企業家來說，可說是最佳的入門指南。

——黃齊元　藍濤亞洲總裁／東海大學智慧轉型中心執行長

作者經驗豐富，文筆流暢，本書《打造100倍全球大市場》可讀性甚高。此外，為了突顯生態系統的重要性，作者刻意把規則三寫成「公司不會競爭，公司的生態系統才會。」……越龐大的生態系統、越多資料的蒐集和運算，就越有可能在眾多系統中脫穎而出。而這也是台灣各企業未來必須發展的方向，方有可能建立起強大的競爭團隊。

——呂學錦　國立陽明交通大學榮譽教授／前中華電信董事長

新時代的重新定義與翻轉，是完全徹底迴異於傳統世界的產業發展邏輯，即時瞬間來襲力道強勁，且發生在政治、經濟、社會各個層面，有人認為充滿挑戰，有人認為充滿機會，以台灣過去的產業結構與屬性，值此邁向數位轉型的時刻，本書《打造100倍全球大市場》的觀點相當值得參考與省思。

——詹婷怡　數位經濟暨產業發展協會副理事長／國家通訊傳播委員會前主任委員

數位時代的企業，在財務與競爭力上評估與傳統產業十分不同。例如「網絡效應護城河」，指的就是用戶越多、企業競爭力就越強，是傳統產業不具備的競爭優勢。高成長企業有時很難用傳統每股盈餘EPS去評估它的成長，用每股營業現金流變動與用戶數、留存率、客戶終身價值，則會是更好的參考指標。本書《打造100倍全球大市場》帶你從商業角度去理解數位時代新企業的思維與運作模式。

——Mr.Market 市場先生　財經作家

閱讀，總能改變世界，增強人的心志。好書，更是！

——黃于純　104人力銀行總經理

當前企業處於平台間的競爭，未來則是重構遊戲規則的競爭。驚艷於此書，是幫助我們洞察出未來競爭規則的好書！

——愛瑞克　知識交流平台TMBA共同創辦人

數化時代來臨！卓越的領導者能夠掌握數據、洞悉趨勢，在快速變化的世界中精準定位，並順應情勢來調整策略，帶領企業邁向贏家之路。

——Jenny Wang　JC財經觀點版主

《打造100倍全球大市場》是談趨勢、談未來需要的人才、做事方式的好書。如何領導？如何組織架構？在數位巨變中找到自己的定位和創造影響力的觀點激盪。

——矽谷阿雅　矽谷創業家／前臉書產品經理

不論數位原生企業，或正在數位轉型的企業，還是握有傳統競爭優勢（品牌、聲譽、專利）的企業，都可透過本書自我檢視。

——楊榮輝　台灣大車隊總經理

《打造100倍全球大市場》不只是教你有價值的數位化思考，還告訴你如何組織及領導，才會邁向成功。瑞姆，一如既往謝謝你！

——David M. Cote　Honeywell 前總裁和執行長／Winning Now, Winning Later 作者

夏藍為企業領導人和各階主管提供了極具洞見和實用的指引。在他一生鑽研致勝策略的最高峰，這本書充滿了各種解決問題的建議。這本書《打造100倍全球大市場》必讀。

——Bruce D. Broussard　Humana Inc. 首席和執行長

這本書《打造100倍全球大市場》是大師寫給這個時代的另一本力作！再一次，瑞姆·夏藍以重新構思的競爭優勢翻轉了傳統的競爭規則。尤其是，他強調在新的數位時代中，個體消費者經驗正是企業分出勝負的關鍵。要在業界不斷創新和保持優勢，書中許多活生生的案例，讓企業領導人作為借鏡。

——Fred Hassan　Caret Group 首席／Schering-Plough and Pharmacia 前執行長

這本書《打造100倍全球大市場》重新定義了數位時代的競爭優勢。在競爭越來越激烈的今日，夏藍整理出新的黃金法則。他經常和成功企業的領導人交談，他從中所得到的洞察力是你在其他地方所找不到的。

——Douglas L. Peterson　S&P Global 首席和執行長

在科技改革中脫穎而出的其實和科技無關，就像這本所證明的。關於數位時代徹底更新的競爭規則，身為商業策略大師，夏藍已經完成了一本不可或缺的著作。

——Geoff Colvin　Talent Is Overrated 銷暢書作者／《財星》主編

我們先投資的公司，幾乎都是能夠吸引優秀人才、高生產效率，及懂得降低成本的公司。市場的力量迫使我們更有適應力、更專注在消費者，並且要不斷創新。夏藍的《打造100倍全球大市場》就像一支手套協助我們調整適應這個新的世界，我們也發送這本書給我們的高階主管。

——Jorge Paulo Lemann　3G Capital 共同創辦人

夏藍長年提供企業主管強而有力又不失務實的建議，指點在眾聲喧嘩的商業環境脫穎而出的祕訣。作為顧問，他的成就無人能及。

——Ivan G. Seidenberg　Verizon 前董事長兼執行長

瑞姆．夏藍是當今世上最具影響力的顧問。

——《財星》

獻給五十年來，生活在同一個屋簷下，十二位手足與親戚組成的大家庭的心靈。
是你們的犧牲奉獻，我才有機會接受正規教育。

目次

想像能以前所未有的速度擴張的新市場與營收來源，只是天生數位的企業、也就是從一開始就數位化的企業，近年來贏得極大競爭優勢的方式之一。第二種方式是以不同的角度，思考如何賺錢，以及如何以資金推動成長。第三種方式則是運用演算技術，重新安排工作，提升決策……

現在的數位巨擘，其實是偶然發現這些新規則。大多數數位巨擘的創辦人，幾乎毫無在傳統企業工作的經驗，也未曾就讀商學院。馬克·祖克柏從大學輟學，比他年長的賈伯

質，就應該考慮讓賢，轉而扮演其他角色。二十一世紀福斯公司的魯柏・梅鐸，以及Westfield Corp. 的法蘭克・洛維，先後將自家企業的全部或一部分，讓給可能比較懂得經營的人……

第九章　重新思考真實世界的競爭優勢　231

我開始寫這本書和進行相關研究之時，傳統企業全面數位轉型的例子非常罕見。現在則有更多企業開始行動，其中很多是處於企業對企業的領域。例如漢威就在整合自身的領域與數位專業，搭配更寬廣的生態系統，為生命科學產業提供平台。漢威並沒有創造這個市場，但在加快自身營收成長的同時，也會大幅擴張整個市場……

附錄　你是否做好在數位時代打造競爭優勢的準備？　237

備註　241

中英名詞對照表　246

推薦序一

面對數位時代新挑戰，台灣企業需有顛覆性思維

黃齊元
藍濤亞洲總裁／東海大學智慧轉型中心執行長

我們正進入一個數位化的新時代，由AI、5G、雲端計算搭建起的新基礎建設平台，和各行各業緊密結合，在新冠疫情的催化下，加速進行數位轉型。這股新經濟熱潮已在美國、中國大陸和亞洲快速蔓延，正顛覆傳統產業的經濟模式，形成「破壞式創新」，興起新一波工業革命。

在這個過程中，新價值不斷被創造出來，美國現在市值最大的公司，都和新經濟有關，如蘋果、微軟、亞馬遜、谷歌和臉書，中國大陸的騰訊和阿里巴巴，市值也遙遙領先傳統企業。現在這股旋風已吹到亞洲，東南亞最大租車／電商平台Grab最近計畫以SPAC形式借殼上市，估值高達四百億美元；韓國最大電商有

「南韓亞馬遜」之稱的 Coupang 近期上市，第一天市值即衝到近一千億美元；日本軟銀已超越豐田，成為市值最大企業，這些都說明新經濟的力量排山倒海、無法阻擋。

從這個角度來看，美國管理大師瑞姆．夏藍的新著《打造 100 倍全球大市場》來得正是時候，對於被外界力量逼得迫切需要轉型、卻不知從何開始的台灣企業家來說，可說是最佳的入門指南。

作者有一個很重要的假設：在當今數位時代，傳統的商業遊戲規則已經徹底改變，任何一家企業，無論是新興科技公司或傳統企業，都需要運用新的商業模式，才能持續創造競爭優勢、成長茁壯。作者舉了很多例子，從新經濟的 Netflix、亞馬遜，到傳統的迪士尼、沃爾瑪，也包括亞洲的阿里巴巴，旁徵博引，闡述他的觀點。

作者強調管理者應「創造一百倍」的未來，他指出傳統公司的領導者，多半缺乏遠大的思考，這也是台灣企業家的通病，執著於漸進式的流程改善，但沒有大破大立的膽識。Netflix、特斯拉、亞馬遜都是「破壞式創新」的典範，近年美國最紅基金經紀人方舟資本女股神伍德（Cathie Wood），也是以押寶革命性新經濟明日贏家一炮而紅！

本書最重要的概念，在於作者提出的數位平台與生態系統。作者提到，現在每一家數位巨擘，企業核心都有一個數位平台，蒐集大量資料，並以演算法作為核心競爭武器。作者也提到，未來企業最大的威脅不是個別公司，而是個別公司所塑造的生態系統。生態系統就像一個小太陽系，不同星球圍繞太陽，形成共存共榮的關係。亞馬遜和阿里巴巴之所以強大，不是由於單一公司，而是他們所形成的整體生態系統，因此其他企業會主動加入，彼此相互合作，形成資源整合，力量越來越強大。

台灣企業過去沒有生態系統，都是別人生態系統的一部分，如蘋果、英特爾或惠普。鴻海雖然整合了很多零組件的製造，成為電子代工的龍頭，但基本上仍只是蘋果生態系中很小的一部分，大部分利潤被蘋果拿走。台積電之所以強大，在於缺乏相近的競爭對手，所以和客戶之間的關係得以改變，逐漸形成以「技術＋製造」為核心的生態系統，讓客戶不得不依賴台積電。

所幸，台灣企業已有覺醒，最近在電動車領域，鴻海憑藉著龐大的資源與實力，成功整合一千多家國內外廠商，打造「MIH」平台，雖然還不是一個數位平台，但已有生態系統的雛型與架構，鴻海也立志成為「電動車的安卓」。

這本書大約只有八萬多字，相當容易閱讀。作者曾任教哈佛商學院，也是經驗豐富的管理顧問，全書沒有複雜難懂的學術理論，一切以實務為導向。難能可貴的是，本書不但有清楚的大戰略思考架構，也有按部就班的轉型指引。搭配豐富的案例，讀起來非常有感覺，完全沒有文化的隔閡。

作者本身管理著作相當豐富，他最有名的一本書是和美國航太系統製造商Honeywell前CEO賴利．包熙迪（Larry Bossidy）合寫的《執行力》，曾獲得鴻海創辦人郭台銘董事長的高度讚揚。二〇一九年他又寫了一本分析亞馬遜成功祕訣的《顛覆致勝》（*The Amazon Management System*），是我看過所有分析亞馬遜的書籍中最好的一本。

在本書最後，作者提出「開創未來的領導者」觀念，強調領導者需不斷學習、想像、突破障礙，創造公司必須應對的其他改變。換言之，優秀的領導人應作為

「遊戲規則的改變者」（game changer），而不是隨波逐流。要成為一個數位領導者，作者認為要能想像「目前不存在的未來」，能蒐集資料、流動思考，主動尋找改變，勇於創造、破壞，重新改造組織架構，並大膽行動。這對於習慣代工模式的台灣企業家來說，可說是顛覆性的思維。

台灣企業不缺乏機會，也不缺乏人才，台灣缺乏的是大膽行動的勇氣。現在是最光明的時代，也是最危險的時代，期待每一位企業領導人都能站起來，勇敢翻轉明日的世界，創造下一個永續的台灣！

推薦序二

用三個正在進行中的問題，閱讀這本書

呂學錦
國立陽明交通大學榮譽教授／前中華電信董事長

在讀這本書之前，你可以先問問自己以下三個問題：

Q1：什麼時候、什麼因素，人類活動已然進入數位時代？

Q2：現階段數位經濟領先群具備那些競爭優勢？

Q3：在數位時代，要轉型升級或新創事業，你準備好了嗎？

這三個問題是我讀了《打造100倍全球大市場》這本書後，整理出自己的心得、反思現況而得的一項功課。

作者瑞姆．夏藍花了五年深入探索訪談幾家數位巨擘之後，綜合歸納，列示六項新競爭規則，每一項規則用一章的篇幅予以解說，成為本書的主要內容。上述Q2

的答案盡在其中。

而針對Q3的回答，作者則在「附錄」中以七組問題的方式處理，值得各企業人好好思考，並且依作者說的：「要持續接收資料，尋求見解，刺激創意思考。再次研究這些問題，你的競爭優勢，以及你的企業，就能長盛不衰。」

瑞姆・夏藍以「協助企業人士日益精進」為使命。他長期擔任全球各大企業負責人之顧問，提供「強而有力又不失務實的建議」，指點迷津，為人所稱道。相信他太清楚Q1的答案，以致於視為已知，所以就沒在本書中贅述。

筆者畫蛇添足，說一說這個已知。它就是幾乎無所不在的有線、無線寬頻網際網路。這個簡稱寬頻網路的基礎設施，是本書中數位平台的支架，是連接百千萬億感測器蒐集資料或數據的通道，是生態系統生生不息吞吐資訊融合運作的橋樑，更是演算法賴以發揮效用之雲端運算或邊緣運算的神經網絡。演算法提供建議給決策者，決策的下達和執行亦有賴寬頻網路傳遞。

觀察過去二十年，全球市值最大的前十名上市公司的變化，再橫向搭配寬頻網路之發展進程，不難看到二〇一四至二〇一六年間正是Apple、Alphabet、Amazon、

Facebook、Microsoft（AAAFM）等數位巨擘同時綻放光芒的時期，告訴世人數位平台經濟時代的到來。作者的確有先見之明，那時候就開始著手為這本書做了功課。

特別值得重視的是，AAAFM以及本書提到的其他數位巨擘，大都是透過網路和平台面對消費者的B2C和少數B2B2C。個人化消費者經驗做到位了，網路效應帶來何只是客戶數大幅成長，更重要的是，每增加一個客戶的邊際成本逐漸趨近於零，就會出現報酬遞增的現象！商業模式的可重複性和可擴充性得到驗證，公司的現金流入暢旺，有利於現金之增加，眼睛雪亮的金主才會更願意不斷地注入資金。

要能夠掌握這樣的發展趨勢並努力實行，需要領導者的智慧與膽識。

亞馬遜創辦人和執行長傑夫．貝佐斯便是此中翹楚。他在踏入電子書、開發Kindle閱讀機的所做所為，也是公司面對挑戰、橫向邁開搶進數位化所為人津津樂道的成功典範。

企業經營遇到瓶頸、轉型升級更需要領導人做出對的決策。對的決策通常來自領導人對未來的洞見，以及認知到企業有哪些地方必須做出改變。而這類成功案例，書中則在第三章的「思想的巨變」小節以微軟的改變為例，故事的主軸就酷似二十八年前IBM請路易斯・郭士納（Louis V. Gerstner）擔任執行長，郭士納一針見血指出，IBM內部主管不懂客戶要的是什麼，並以此做為改變的方向，引導企業轉變心態。

尤其本書第七章「以團隊取代組織階層」即是企業為了服務消費者而調整的案例。這一章詳細介紹包括人員、文化，和工作設計的調整，「採用小型整合式團隊互相合作，一次達成一位顧客的目標」，「來帶動為顧客量身訂做的創新與執行」，並以富達個人投資為例。筆者認為這些案例正好可以作為電信業者轉型升級參考的範例。

談到數位時代，就不得不了解5G行動通信技術，雖然大家一片看好，但也有隱憂。5G行動通信技術即訂出三大功能：一、增強行動寬頻，二、巨量機器型通訊，三、超可靠與低時延通訊。這三大功能都遠大於前面四代行動通信的能力。電信公司一則以喜，因為5G網路功能增強，服務客戶的機會增加，事業成長可期；

另一則以憂，擔心萬一無法落實運用新增功能增加營收，那麼，為建設5G網路所增加之投入成本與費用該如何回收？電信公司必須面對挑戰、調整好心態，俾做好轉型升級。

5G電信公司就是要妥善運用上述三大功能，針對企業客戶的需求，為他量身訂做解決方案。在這過程中，找對人、組成整合式團隊，相互合作，一次達成一位顧客的目標。成功完成幾個案例之後，電信公司可以把組織重整為N個整合式團隊，發揮敏捷組織特有的功能，新的企業文化自然形成，跟所謂的數位公司就非常相近了。然而，成功的必要要件，是整合式團隊成員的能力組合要正確匹配，並且團員間要能夠合作，而「團隊領導者是團隊內部人際互動的關鍵。」

筆者只是以電信公司做為例子。其實，這本書所呈現的新競爭規則是具有普遍性的，面對消費者的各行各業，這些新規則在數位時代轉型中皆適用。

作者經驗豐富，文筆流暢，本書可讀性甚高。此外，為了突顯生態系統的重要性，作者刻意把規則三寫成「公司不會競爭，公司的生態系統才會。」大家都知道，生態系統之間的競爭，就是透過它的成員（公司）之間進行，越龐大的生態系統、越多資料的蒐集和運算，就越有可能在眾多系統中脫穎而出。而這也是台灣各企業未來必須發展的方向，方有可能建立起強大的競爭團隊。

推薦序三

在萬物相連的宇宙，運用數位時代新規則定位創造價值的生態系統

詹婷怡
數位經濟暨產業發展協會副理事長／國家通訊傳播委員會前主任委員

「以寬頻社會（Broadband Society）的建構，驅動數位轉型（Digital Transformation），帶動數位經濟（Digital Economy）典範轉移（Paradigm Shift）與網路社會高速發展。」是我在國家通訊傳播委員會主任委員任內的施政理念與目標，後匯流時代的情境就是，5G及B5G建構的智慧連結（Intellectual Connectivity）與帶動的翻轉能量，讓每項都可稱得上是Next Big Thing——包括AI、IoT、AR／VR等——的技術與應用匯聚在這個大平台上，往垂直及水平領域「積極獲得實現」並「加速、加大、加值」發展。

寬頻社會網路生態的思維邏輯及運作方式，與傳統相較具有極大的差異，端視我們如何調整思維（mindset）回應這翻天覆地。本書作者從企業經營核心重新思考競爭優勢，以為數不多但徹底翻轉遊戲規則的數位巨擘為例，提出具有觀點與深具價值的數位時代新規則，諸如：個人化的消費者經驗帶來更多更新且更大的市場，奠基於企業數位平台的資料與演算法成為必備武器，企業所處生態系統才是競爭所在，也才能真正創造價值；此外，數位企業及其金主投資人，在賺錢模式上追求的不再是每股獲利而是創造大量現金，遵循的是報酬遞增新法則，並以團隊協作取代組織科層，讓領導與文化形成的引擎動力，同時為顧客、企業與員工創造新價值；數位領導者相較於傳統領導者最顯著的不同在於認知、技能、與心理素質，敏銳的觀察力及流動的思考讓他們得以帶領企業迎向未知面對挑戰。

以個人在資通訊與匯流產業及數位轉型領域長年的觀察與經驗，我要特別呼應並進一步指出幾點內涵已然完全蛻變的關鍵概念。

所謂的市場，將是基於極端地以消費者與終端使用者為中心，以想像力創造並有機生長，並非傳統只能受限於核心能力建構及被界定的市場操作定義；奠基於數位平台的資料擷取與分析及各式演算法，一切都是為了聚焦於創造更好的個人化經驗，甚至原本基於中介的供應商與零售商也同樣必須融入此極端情境，共同創造並實踐具有可能性、並能有機生長延伸的市場。

所謂的競爭，也早已不是遵循過往以產業競爭優勢分析的邏輯，去爭逐個別產業特定產業鏈上環節的地位，而是以合作、協作與共享的精神，納入各種可能的跨界想像，形成具有價值創造可能性的生態系統，並帶動整個生態系統同步成長；簡單白話來說，就是以符合網路特性、提高格局、放大視野、有容乃大、借力使力的合作來創造競爭優勢，同時隨時關注新的對手以不同的能力創造新的消費者經驗重新定義賽局及遊戲規則的風險，敏捷調控轉身與再創造。

所謂的未來領導者與團隊，則必然會是以善於觀察與包容、勇於破壞與創造、運用數位技術與能力，並以資料為基礎的流動思考與心理認知的數位領導者，協同非層級式功能及目標導向網絡團隊協力合作，並成為系統性具有開創與成長的動力引擎；而所謂的投資與獲利，涉及資金端的角色，在新時代將更具重要性，且將是由有能力且具有建構生態系統概念的投資人出線，甚至資金端也以平台形式出現，形成帶動產業生態系統整合的資本平台，並以不同的賺錢模式與實務創造更高的獲益與價值。

新時代的重新定義與翻轉，是完全徹底迥異於傳統世界的產業發展邏輯，即時瞬間來襲力道強勁，且發生在政治、經濟、社會各個層面，有人認為充滿挑戰，有人認為充滿機會，以台灣過去的產業結構與屬性，值此邁向數位轉型的時刻，本書的觀點相當值得參考與省思。

我總是喜歡這樣形容萬物相聯的情境，在網路社會與數位經濟時代，就像身處在浩瀚的宇宙、星空、美麗無垠的銀河，有無以數計大大小小不一的星系與銀河系，如同寬頻翻轉建構的垂直水平多元各個不同、又可能相依的生態系統，理解它運作的原理，運用新的規則定位到個人化消費者經驗創造的那座星系，整合各種能量全速前進，就能迎向一個全新的時代，值得我們共同協作合作探索！

新競爭規則

一、個人化的消費者經驗，是大幅成長的關鍵。

二、演算法與資料是必備武器。

三、公司不會競爭，公司的生態系統才會。

四、賺錢的目的是創造大量現金，不是追求每股獲利，也要遵守**報酬遞增**的新法則。金主明白這兩者的差異。

五、人員、文化以及工作設計會組成「社會引擎」，帶動為顧客量身訂做的創新與執行。

六、領導者不斷學習、想像、突破障礙，創造公司必須應對的其他改變。

前言
我為何寫這本書？這本書又能帶給你什麼？

就我與全球各地的數位公司及傳統公司領導高層合作的經驗，我發覺我總是聽見同樣的問題：包括亞馬遜、臉書、Google、阿里巴巴在內的十幾家數位巨擘，為何能在短短時間內，變得如此龐大？他們會不會繼續稱霸市場？其他公司有可能與他們競爭嗎？

這些數位巨擘，已經永遠改變了我們身為消費者及員工的經驗。價格更低，更為方便，立即存取重要資訊，這些現在都是一般消費者的期待，甚至向其他企業採購的企業，也會有這樣的期待。這一切都是數位科技所帶動的，具體來說是演算法的使用所造成。

所謂演算法，就是資料處理的數學規則，已經存在幾百年。能以低成本、高效率處理演算法的電腦發明之後，亞馬遜的傑夫．貝佐斯、臉書的馬克．祖克柏，以及Google的賴瑞・佩吉與賽吉・布林等人，立刻把握機會，利用演算法解決各種疑難雜症。這些領導者不受傳統管理方式限制，而是盡情揮灑想像力。他們面對的有些是小問題，例如貝佐斯原本只是希望讀者能以實惠的價格，買到豐富的圖書。他的雄心壯志以此為起點，不斷擴大。有些則是大問題，例如Google的目標是「整理全世界的資訊」。

這些卓越的領導者與企業帶來的影響有目共睹，但並非人人都知道他們為何成功，如何成功。因此我開始研究這些數位巨擘如何翻轉競爭的秩序。

我過去五年來的研究，得出一個明顯的結論：在數位時代，要以不同的方式創造競爭優勢。多年來，掌握發行管道，擁有巨量硬資產（Hard Assets），或是已經建立品牌或專利的企業，握有最大的競爭優勢。這種情勢直到近年才有所改變。現在即使擁有這些優勢，也不見得能打敗競爭對手。

在數位時代，擁有競爭優勢，代表有能力**一再**贏得終極獎賞，也就是消費者的青睞。贏得的方式是站在消費者的角度不斷創新，同時為公司股東創造極高價值。

競爭優勢一半來自一家企業**做的事情**，另一半則是來自一家企業**擁有什麼**：企業如何看待消費者經驗、如何選擇領導者、如何安排工作、如何賺錢，還有企業的生態系統，以及擁有的資料與資金。競爭優勢的來源一旦建立，傳統公司就難以匹敵。因為這些競爭優勢的來源根深柢固（追求越來越快的成長的心態，以及行動導向的文化），會累積（掌握的資料越多，對消費者了解就越多。規模越大，製造的現金就越多），而且會影響整體（預測越準確，顧客就越滿意，成本也就越低，進而提高營收與現金毛利，就會有更多的現金可以創新，帶給消費者更好的服務）。

這本書有兩大目的：完整剖析數位巨擘強大的競爭優勢的來源，也幫助其他企業發展自身的競爭優勢。就我自己對數位企業的觀察，我發現一套培養競爭優勢的新規則。從這些新規則，就可以看出**任何一家企業**，無論是數位巨擘還是傳統公司，必須做哪些事情，才能在當今的數位時代成長茁壯。至於正在數位轉型的傳統企業，這本書會點出一心只想發展科技的領導者，可能會忽略的地方。舉例來說，這本書會鼓勵領導者，在發展數位能力的過程中，重新設計工作時不妨大膽一些（見第七章富達個人投資的成功案例）。

對於尚未開始行動的傳統企業，這本書則要吹響行動的號角。書中說明數位企業如何增強自身的競爭優勢，也凸顯傳統優勢流失的速度有多快，現有的心態與工具又有多麼不合時宜。在新冠疫情爆發期間，數位企業與非數位企業之間的差距變大，因為數位企業有能力迅速適應驟然改變的消費者行為、供應鏈，以及工作時間，而且數位企業在賺錢方面擁有競爭優勢，所以有充足的現金繼續營運。

在疫情肆虐的二〇二〇年四月，Netflix 執行長李德．黑斯汀寫了一封給股東的信，發表在 Netflix 網站上，請投資人寬心，「Netflix 的文化，是賦予決策權給公司各階層。」他也說，洛杉磯的居家防疫令生效不到兩星期，Netflix 的動畫製作團隊大多數的人員已重返工作崗位，在家工作。至於後製方面，也有兩百多個專案透過遠距進行。大多數的影集編劇，也以虛擬方式繼續工作。

新冠疫情帶來的衝擊非同小可。但即使在尋常時期，也不能不思考一個問題：面對當今的數位巨獸，其他人是否還有機會？當然有。所有的傳統企業，都處於數位轉型的初期。越早開始重新思考自身的競爭優勢，就能迅速超越對手，而且，是的，還能挑戰天生數位的企業。亞馬遜在新冠疫情期間大有斬獲，沃爾瑪也一樣，因為比許多傳統零售商更早開始數位化。

天底下沒有永垂不朽的競爭優勢。競爭優勢是日積月累的成果。亞馬遜仍然是電子商務的霸主，但沃爾瑪也在崛起之中。Netflix 多年來幾乎獨霸影音串流市場，但如今亞馬遜與蘋果這些數位巨擘也在耕耘，迪士尼、NBC、華納媒體這些傳統企業也緊追在後。在大家都困在家中的二〇二〇年第一季，Netflix 訂閱人數衝上一億八千兩百萬，但到了二〇二〇年四月底，Disney+ 也累積了不容小覷的五千萬名訂戶。NBCUniversal 在同月上市，訂戶人數為一千五百萬，AT&T 期待的 HBO Max 也即將上市。

取得競爭優勢的方法越來越多。以相對較低的成本，就能取得演算法與專業。資金持續湧入沿用新賺錢模式與衡量工具的企業。

了解競爭的新規則，你的思想就會提升，在瞬息萬變的複雜環境，也能理出一條致勝之路。

第一章探討一群新創公司，在不到二十五年的時間，得以成為市值幾兆美元的巨擘的根本原因。我要凸顯的重點，是他們如何改變競爭環境，對你的未來又有哪些影響。第二章要介紹一些如今已經失靈的傳統商業作法，還有一些必須摒棄的普遍觀念。

第三章至第八章則是解說每一條創造競爭優勢的新規則，並以企業界的實例，解釋如何馬上實踐這些規則。第九章要介紹某些傳統公司的動作有多快，鼓勵你趕快行動。

我的人生目標，是提供實務界實用的知識與見解。希望這本書也能有所貢獻。

第一章 數位巨擘何以勝出

二〇一九年二月的第九十一屆奧斯卡金像獎頒獎典禮，好萊塢的菁英齊聚一堂。Netflix 卻與知名導演史蒂芬·史匹柏展開舌戰。史匹柏支持的電影《幸福綠皮書》拿下奧斯卡最佳電影獎。但史匹柏也表示，他覺得《幸福綠皮書》聲勢浩大的對手，也就是 Netflix 製作的《羅馬》，根本沒資格提名奧斯卡最佳電影獎。

史匹柏反對《羅馬》的理由，是這部電影僅僅在電影院獨家上映三週，就由 Netflix 直接向消費者串流。傳統的電影通常會在電影院連續上映幾個月。史匹柏認為，縮短在電影院上映的時間，等於剝奪觀眾沉浸大銀幕的經驗，也會危及整個電影院系統。

金像獎理事會準備討論這個議題，其中一位理事表示：「當初定下規則的時候，誰都料想不到現在會是這樣。」

其實Netflix的創辦人之一，也是執行長李德・黑斯汀在將近二十年前，就預想到這樣的未來。當時寬頻網路都還沒普及。後來他做了每一家成功的數位企業的領導者都做的事：他利用新科技，創造他所想像的未來，速度之快遠遠超乎他人的想像。

想像能以前所未有的速度擴張的新市場與營收來源，只是天生數位的企業、也就是從一開始就數位化的企業，近年來贏得極大競爭優勢的方式之一。第二種方式是以不同的角度，思考如何賺錢，以及如何以資金推動成長。第三種方式則是運用演算技術，重新安排工作，提升決策。

在充滿競爭的現代，傳統企業必須認識自己的競爭對手，也要向天生數位的企業，學習發展競爭優勢之道。

競爭的新本質

在二〇〇〇年，當時的Netflix是藉由郵寄DVD發展競爭優勢，而不是像百視達那樣讓消費者前往零售店租借影碟。但Netflix的領導者知道總有一天，寬頻技術會變得夠快、夠便宜、夠好，能讓消費者在任何時間，任何地點，收看直接傳送或串流到裝置的電影。黑斯汀在二〇〇五年，向《Inc.》雜誌的派翠克・紹爾表示：「我們希望隨選視訊出現的時候，我們已經做好準備。」當時的技術還不夠先進。

二〇〇七年，時機已然成熟。大約半數的美國住宅已裝設寬頻網路，Netflix 已經準備好要將電影串流到顧客的家中。當時 YouTube 迅速成長，NBC與 Comcast 合夥經營的 Hulu，大約也在此時飛快成長。Netflix 之所以能蒸蒸日上，是因為以下幾個因素的強大組合。

第一，Netflix 的訂戶只要每月繳交訂閱費用，就能無限收看所有影片。這在當時可是創舉，畢竟大多數人一次只租一片或幾片DVD或錄影帶。為了避免消費者沒有新片可看，Netflix 取得傳統媒體公司的內容授權。訂戶不必踏出家門，也能收看賣座新片，而且破天荒頭一次能一路看完最愛看的老電視影集。

如果沒有能提供流暢的收看經驗的技術平台，這一切都不可能發生。但 Netflix 的數位平台，並不只是透過寬頻連線傳送信號而已，也會同時蒐集顧客的瀏覽習慣資料。演算法分析資料的能力逐漸進步，能幫助訂戶在日益增加的選擇中，找出他喜歡的內容。

Netflix 的營收與訂戶成長能一飛沖天，是因為自行打造數位平台，取得寬頻頻譜，支付授權費用，以及聘請科技專家開發並改良演算法。做這些事也會燒錢，燒掉的現金超過 Netflix 追求超快規模成長、發展串流能力的過程中，所能製造的現金。

眾所皆知，Netflix 曾想賣給百視達，但被百視達拒絕。後來 Netflix 找到看好其未來發展、也知道 Netflix 現金吃緊原因的股東與貸方，每股獲利，又稱 EPS，可以等到以後再說。Netflix 後來開始自行製作內容，第一部自製影集《紙牌屋》於二〇〇九年開始製作，四年後推出。這下子每股獲利必須等上更久才會實現。

整整十年後，也就是二〇一九年年初，幾家最大的媒體公司，例如華納媒體、迪士尼，以及蘋果，才真正挑戰 Netflix 在串流市場的霸主地位。另外一家進入市場的巨擘亞馬遜，也漸成氣候。在二〇一九年的第一季，一連串的競爭行動與反應浮上檯面。

二〇一九年二月，美國司法部批准了時代華納與AT&T的合併。合併的目的是對抗製作也發行內容的數位企業，管理高層也立刻開始重整。NBC Entertainment的前任董事長羅伯特．格林布萊特，出任由HBO與Turner Broadcasting的部分單位所組成的華納媒體的董事長，負責發展全新的串流服務。

一個月之後，也就是二〇一九年三月二十日，迪士尼斥資七百一十三億美元，買下二十世紀福斯的多數股權，包括電視與電影製片廠，以及Hulu百分之三十的股權。迪士尼已經持有Hulu百分之三十的股權，加上這次收購，等於持有多數股權。迪士尼同時也放慢與Netflix之間的內容授權談判，大肆宣傳即將推出的Disney+，是Hulu之外的另一種串流服務。

五天之後，蘋果宣布將於秋季推出TV應用程式，播出HBO、Showtime等來源的內容，並向訂戶按月收費。蘋果執行長提姆．庫克表示，這項服務也包括蘋果自製的原創內容，史蒂芬．史匹柏本人當時就站在台上聽這番話。

部分媒體報導，在那一季，亞馬遜以十億美元的驚人高價，買下《魔戒》改編的電視影集的版權。媒體分析師里奇．葛林菲爾德針對這項消息表示：「這場戰爭已經白熱化，各家爭相控制你的媒體生活。我覺得眼前的現實是，這幾家大型科技平台的估值、市值與現金，都遠遠超過傳統媒體，現在還只是起步而已。」[1]

短時間內接二連三的宣布，在推特上引爆熱議。一般人會花錢訂閱幾種服務？華納媒體的科層體制，會不會扼殺HBO的創意？迪士尼新的商業模式，是不是代表電影串流服務即將降價？哪些會綁在一起，哪些又不會？目前最受消費者歡迎的Netflix，會不會繼續蓬勃發展，領先群雄？

競爭行動與反應

影音串流只是競爭越發激烈的數位經濟的一個例子。很多所謂的傳統公司都在與數位競爭者搏鬥，而且到目前為止，被天生數位的企業打得落花流水。沃爾瑪（以及其他每一家實體零售商店，從梅西百貨到Best Buy）與亞馬遜纏鬥多年。銀行與信用卡公司也在與PayPal及Apple Pay對決。

在此同時，數位巨擘彼此之間也在爭搶市占率與霸主地位：亞馬遜的AWS（亞馬遜網路服務）就與微軟的Azure雲端服務捉對廝殺。消費品公司、零售商，以及製造商的市占率，也被那些線上直接向消費者販售利基產品的幾百家電子商務新創公司啃食。想想在實體商店販售的寶僑旗下的吉列刮鬍刀，以及與之對抗的採用線上訂閱制，直接向消費者販售的 Dollars Shave Club 刮鬍刀公司。

這些新爆發的戰爭有一個共同的主軸：數位化。數位化顛倒了現代競爭的本質，二十世紀對於競爭優勢的思考，如今已不合時宜。

舉例來說，古老的格言「管好自己的事情」，是「發展自己的核心能力」的口語版本。企業相信這句話，想像力就會受限。而大膽的想像力，正是當今領導者必備的條件。Netflix、亞馬遜、臉書，以及 Google 的執行長與執行團隊，倘若無法想像尚未存在的未來，也不會有今天的成績。

只要徹底了解競爭環境，就會發現早期的「先發優勢」及「贏者全拿」的觀念不見得正確，尤其是在數位巨擘彼此之間的競爭。

先發者也許能快速發展，但無論他們創造的市場有多大，遲早會有競爭者加入。因此贏者其實不會全拿，至少不會永遠全拿。而且如果新的競爭者加入戰局的速度不夠快，政府的反托拉斯主管機關也許會介入。

亞馬遜早早就稱霸電子商務市場，卻絕對不是市場唯一的玩家。阿里巴巴、騰訊，以及JD.com，是全球市場上強勢的競爭者。傳統零售商沃爾瑪自從購併Jet.com，拿下印度最大電子商務企業Flipkart的多數股權，就積極邁向網路市場，並且結合線上購物與實體商店，增強對消費者的吸引力。巴西的B2W則是順利壓制新加入市場的亞馬遜的攻勢。

這幾場競爭的結果尚未明朗。但已經揭露了數位公司競爭的某些基本差異。分析諸如Netflix、亞馬遜、Google，以及阿里巴巴這些企業，就會發現他們之間有些共同點：

- **他們會想像一個尚未存在的百倍市場**。他們想像一個人生活中的某種全程經驗，例如旅遊、吃飯、購物、尋求醫療或娛樂，是否有大幅改善的空間。如果有，那就要思考哪些是許多人會想要的改善。他們會思考如何運用科技，做到看似不可能做到的事。即使他們與消費者之間還有中間機構存在，他們也會聚焦在終端使用者身上。他們知道只要提供適合終端使用者的產品，公司就能迅速發展，因為口碑幾乎是立即傳開。Netflix 相信，很多人寧願在自己方便的時間，在家中點選影片觀賞，而不是到電影院去，還得購買價格過高的零食，忍受鄰近觀眾的干擾。而且大多數人也不想依照娛樂公司或電視台限定的時間看電視。在手機只要五十美元、網路連線費用超低的時代，例如在印度，潛在市場呈現爆發性成長。

- **他們的經營核心是一個數位平台。**數位平台是一群以專業角度結合的演算法，能儲存、分析資料，用於各種用途。數位平台能迅速完成實驗，迅速調整價格，而且能以最低的邊際成本，觸及全球各地的大量人口。Netflix 可以輕易將所有內容，透過串流放送給世界各地的觀眾。若人工智慧與機器學習的演算法越了解顧客的行為與偏好，就越能自我糾正，不僅能改善個人化，也能進而提升顧客忠誠度。
- **他們的生態系統，能加快企業的成長速度。**生態系統的夥伴分為許多類型，例如亞馬遜網站上的第三方賣家、Uber 的獨立司機，或是蘋果的應用程式開發商。這些夥伴能幫助企業迅速擴張能力，而且企業通常毋須進行資本投資。這些夥伴也能交叉銷售，擴大創新的服務對象。他們也能催生新的賺錢模式，或是提供生態系統所缺乏的能力。大多數的生態系統會分享資料，因此具有快速成長的能力。Netflix如果沒有生態系統夥伴所授權的內容，例如華納媒體的電視影集《六人行》，以及NBCUniversal的電視影集《我們的辦公室》，就無法生存。企業彼此之間並不會競爭，是企業的生態系統才會互相競爭。

- **他們賺錢是與現金及越來越快的成長綁在一起**。數位企業知道，經過大量燒錢的階段，如果產品成功，投資報酬就會遽增，因為賣出下一個單位，或是新增下一位訂戶的邊際成本下降。他們對現金的重視，更甚於會計原則。理解**報酬遞增**法則的金主，願意在初始階段不去計較流動性的問題，往後再收穫成長越來越快的報酬*。

*威廉・布萊恩・亞瑟是聖塔菲研究所的外部教師、IBM教師，以及帕羅奧多研究中心公司智慧系統實驗室的訪問學者。他在一九九〇年代初期，提出報酬遞增的現象。見 Increasing Returns and Path Dependence in the Economy (Ann Arbor: University of Michigan Press, 1994)。

- **決策是為了提升創新與速度**。成長的缺點，也是傳統企業**報酬遞減**的主要原因，是伴隨成長而來的益發嚴重的複雜程度與科層體制。但是以數位平台為經營核心的企業，不見得會有科層體制益發嚴重的問題。接近第一線行動的團隊，可以自行決策與行動，毋須經過層層監督，因為他們可以輕易接觸即時資料。他們可以快速行動。權責畫分的機制是內建的，因為在數位平台，公司主管可以隨時掌握團隊的進度。即使公司迅速擴張，也能將經常開支壓到最低。亞馬遜的一般成本及行政成本，僅占營收的百分之一．五。公司募集積極向上，能適應團體環境的人才，就更具創新力，還能保持敏捷。
- **這些企業的領導者鼓勵學習、重新創造，以及執行**。數位領導者所擁有的技能與能力，與傳統主管不同。他們熟悉實用的科技，想像力無邊無際，也能將整體思考，與第一線執行結合。他們對資料的運用，能將執行提升到全新的層次。他們與團隊時時溝通，果斷轉換資源，因此企業能保持敏捷。他們的思考靈活，能帶動持續的改變與成長。他們能創造許多企業的領導者難以應付的改變。

因此，現在的數位巨擘與新創企業，極為重視個別消費者的經驗，也能開創全新的廣大市場。他們快速成長，累積資料，吸引相關的夥伴進入自身的生態系統。他們的商業模式重視現金毛利（一種新的衡量指標，在第六章會詳細介紹）、現金產生，以及越來越快的成長。他們從能理解新賺錢模式的創投與金主，拿到大量現金以推動成長。他們的領導者與員工盡心盡力，一心追求目標，持續關注下一個大趨勢，因此能帶動迅速、持續創新，以及有紀律的執行。

數位巨擘的這些特質，結合起來所能發揮的力量特別強大。

我們再來看看 Netflix。

在大多數的企業，執行長每一季，甚至每一天都會發現，每股獲利是神聖不可侵犯的天條。每股獲利要是接連幾季下滑，他們的領導就會受到質疑。

在另一方面，李德．黑斯汀不會把每股獲利當作命根子，尤其是在他將 Netflix 發展成全球品牌的過程中。他在等待寬頻普及的期間，也大手筆投資串流技術。

Netflix也斥鉅資聘用最頂尖（也是最昂貴）的技術人才及軟體工程師。黑斯汀自己也是軟體工程師，知道成功的關鍵，在於是否有能力持續改善Netflix的演算法：首先要確認影片可以傳送到任何地方，且能提供最佳瀏覽經驗。第二，要讓訂戶可以在越來越多的選擇當中，找到自己想要的內容。

這些選擇包括其他公司製作且授權Netflix播放的電影與電視節目。傳統公司收取授權費，也能美化損益表。他們已經製作出來的內容，還能繼續提升他們的營收與獲利。

但Netflix初期從這些授權交易所得到的，可能更有價值：非常光明的未來。片單不斷增加，不僅現有的訂戶會持續訂閱，還能吸引新訂戶。Netflix的成長曲線向上傾斜，現金流量因而增加。

黑斯汀預測，長遠來看某些生態系統的夥伴會讓授權協議過期，自行進軍串流市場。為了持續擴增片單，Netflix在二〇〇九年開始自製原創內容，分析自家累積的客戶收看偏好的資料，決定要製作什麼樣的故事，簽下哪些演員。

Netflix以這種資料分析為主的方式，製作第一部原創影集《紙牌屋》，於二〇一三年推出，大受訂戶與影評歡迎，不僅有大批新訂戶湧入，後續的工作也更容易吸引頂尖創意人才加入。

從此 Netflix 持續改良演算法，也大幅增加研發經費，製作各類型原創電影與影集。二〇一九年，Netflix 製作原創內容的費用高達一百五十億美元。

在 Netflix 的發展過程中，黑斯汀致力提供消費者極佳的收看經驗，確保消費者能找到喜歡的內容，充分發揮當前的科技。他的想法是，消費者只要能得到物超所值的收看經驗，就會繼續訂閱，現金就會穩定流入公司。訂閱人數增加，投資人與貸款金主就更有信心，投資資金也會持續湧入。

Netflix 不斷成長，科層體制並沒有隨之膨脹。這家公司始終維持精簡的報告層級，因為懂得任用有能力，能在自主性較高的團隊工作的員工，同時也運用數位科技，將績效與權責畫分透明化。

這些並不代表傳統企業無法創造同樣燦爛的未來（第四章與第七章會闡述B2W與富達的成功案例），但他們必須向數位巨擘學習，有所改變。

表面上看來，Netflix、亞馬遜、迪士尼、華納媒體，以及蘋果這些娛樂巨擘，似乎勢均力敵。每一家都有豐沛的資源。華納媒體與迪士尼握有大量電影與電視內容，進入串流市場不會遇到實質障礙，就好比Netflix、亞馬遜，以及蘋果要製作原創內容，也不會遇到實質障礙。

他們之間的差異，將會出現在每一位消費者的經驗。企業需要充足的資料，以及合適的演算法，才能創造個人化的經驗。傳統企業需要多少時間，才能發展出類似Netflix與亞馬遜的資料庫與演算技術，更了解並預測消費者的偏好？

重振精神的傳統企業，必須投資一大筆錢選擇程式。決策的主要考量是什麼？這些決策又將對企業的利潤、顧客、資源，以及吸引人才的能力，產生什麼樣的影響？

演算技術會在投資考量扮演重要角色，例如決定要以優厚的薪酬，留住哪些人才。與頂尖演員、編劇，以及導演的合約，會是能否提供訂戶更高價值的關鍵。

電影製片廠擁有全方位的專業，知道電影該何時上映，在幾家電影院上映，在哪個週末上映，又該如何宣傳（廣告費用有時還會高於電影製作費用）。電影往後在電視台，或是別家串流服務放映，也許可以拿到重播費。增加串流比重，對這些會有什麼樣的影響？其他營收來源會枯竭嗎？枯竭的速度又有多快？

迪士尼已經看見自家的營收開始下降，福斯則是賣掉電影製作的資產，退出新市場。

串流的賺錢模式完全不同。數位發行是依循**報酬遞增**的法則。全球擴張更容易，服務每一位新觀眾的成本，也低於服務前一位觀眾的成本。花費內容與技術的初始成本之後，邊際成本會穩定下降。有些創投與投資公司，會競相投資賺錢模式符合這個原則的公司。新商業模式該如何結合數位發行與電影院發行？

每一家成功的企業，都必須接受消費者的喜好與期待是會不斷改變的。企業本身的賺錢模式背後的科技，同樣也會不斷改變。企業必須時時探究消費者的全程經驗，努力予以改善，或全面改造。

對現狀不滿，追尋下一個發展，乃是人之常情，而非僅限於某人、某個部門，或某個組織層級。科層體制無法阻擋思想的流動。傳統企業的人是否樂見改變？新出現的好構想會有什麼結果？付諸行動的速度有多快？

傳統企業的領導者，能否儘速改造公司的作法與心態，遏止營收下滑，超越規模不斷成長的企業？

老牌企業擁有足以讓新創數位企業欽羨的資源、品牌、客群、人才，以及資料。但要在未來有所斬獲，僅憑這些是不夠的。每一家企業，遲早都要面臨依循不同規則的數位競爭對手的挑戰。想要在競爭中勝出，就必須了解數位競爭對手，向他們學習。下一章就要介紹數位企業。

第二章
新世界，新規則

Netflix將娛樂市場大幅擴張並重新定義，將電影院放映的電影與線性電視節目，轉化為任何時間、任何地點，甚至在全世界都能透過各種裝置串流的內容。亞馬遜、Airbnb、Uber、Lyft，以及其他數位企業，也重新定義其所存在的市場。傳統企業如今重新思考自己運用數位科技的方式，準備轉換經營方式。有些聘請數位長、加強自家的資料分析部門，延請顧問公司指導數位轉型。有些則是在科技熱點租用空間，打造自己的數位新創公司。他們必須想辦法，從可能面臨競爭越發激烈的核心事業擷取資源，用於發展一個不確定的未來。

他們面臨的挑戰，是要在現有事業必然衰頹之際，盡快發展數位核心，以延續自身壽命。我每天與企業執行長及高層主管一起工作，聽見他們頗為擔憂自家企業節節下降的成長率。個位數字的營收成長率成為常態，某些企業的營收與獲利甚至衰退，投資人紛紛撤離。他們的營收曲線如下圖所示。

一度興盛的企業承受的損害，來自兩方面：第一，來自帶著更好的產品與賺錢模式，打入市場的數位企業。第二，來自迫於生存壓力，不惜削價競爭的傳統競爭者。削價競爭可能會摧毀整個產業的獲利能力。零售業就是最好的例子。傑西潘尼、Neiman Marcus、J. Crew 本就飽受競爭對手衝擊，後來不敵新冠肺炎疫情，只能宣告破產。

任何企業想要持續發展，首先要了解新的競爭規則。我們複習一下這本書一開頭介紹過成功的數位企業所依循的規則：

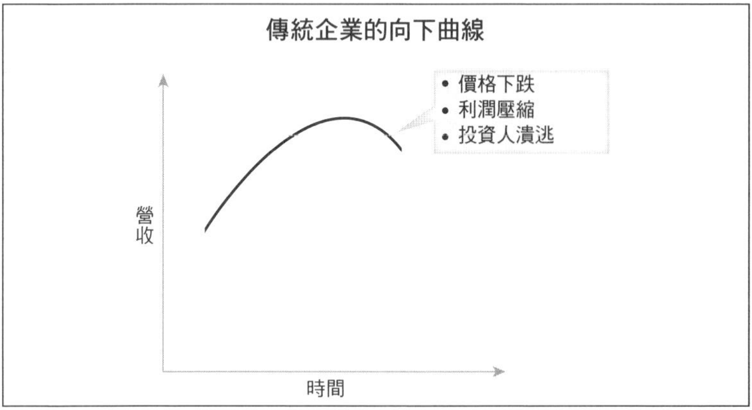

新競爭規則

一、個人化的消費者經驗，是大幅成長的關鍵。
二、演算法與資料是必備武器。
三、公司不會競爭，公司的生態系統才會。
四、賺錢的目的是創造大量現金，不是追求每股獲利，也要遵守**報酬遞增**的新法則。金主明白這兩者的差異。
五、人員、文化以及工作設計會組成「社會引擎」，帶動為顧客量身訂做的創新與執行。
六、領導者不斷學習、想像、突破障礙，創造公司必須應對的其他改變。

現在的數位巨擘，其實是偶然發現這些新規則。大多數數位巨擘的創辦人，幾乎毫無在傳統企業工作的經驗，也未曾就讀商學院。馬克·祖克柏從大學輟學，比他年長的賈伯斯與比爾·蓋茲也是如此。他們純粹是發現科技是如何改變大家的生活，想出全新的方式，得到所需的資源與人才，實現他們想像的未來。

想法或是作法一旦奏效，他們就會堅持下去，發揚光大，也會師法其他公司，包括彼此之間的好構想。他們一開始可能只是僅憑直覺，覺得這些規則能發揮強大的作用，尤其這些規則結合在一起時的力量。

哪些不變，哪些變了

稱霸業界的雄心壯志從未改變。數位巨擘擴張版圖，領先群雄的決心，並不亞於任何一家企業。

賺錢的基本內容也沒變。營收、毛利、淨利、現金流量，以及資本投資，是全世界每一個國家，每一類型的企業通用的概念。這些永遠不會改變，不過他們之間的關係已有所不同，我在第六章會詳加說明。

有些傳統競爭優勢依然存在，例如品牌、聲譽、專利，以及內部研發的技術。對於鋼鐵、汽車製造這些資本密集的產業來說，規模依然重要。但許多傳統的進入門檻，已經不復存在。舉例來說，企業若是直接向消費者銷售，發行規模就不是障礙。寶僑、金百利克拉克，以及聯合利華都有完備的發行鏈，與他們往來多年、關係深厚的零售鏈，會將他們的產品上架。但亞馬遜直接將產品運送至顧客的家門口，繞過這個障礙。

到目前為止，在數位時代來臨的前後，創造競爭優勢最大的差異，在於競爭行動及反應的速度。所有的企業現在都行駛在超快車道上，一路上經歷無法預料的轉折。

這代表企業無論經營得多好，一旦新的競爭者突然出現，很快就會落於人後。亞馬遜的傑夫·貝佐斯迫使許多企業提升改變的頻率與速度。他知道成功絕不是永遠的。他為人熟知的「第一天」心態（他的辦公室所在的大樓也叫「第一天」），反映的是每日對抗自滿的精神。正如他在一九九七年的第一份年度報告所寫的：「第二天是停滯，接著就是不在意。再來就是痛苦至極的衰退，最後是死亡。**所以永遠要**停留在第一天。」

每一個犀利的舉動，都會引發頂尖企業的果斷回應，因此競爭的秩序時時變動。通用汽車、福特，以及克萊斯勒，幾十年來穩居汽車製造業的龍頭。沒想到後來居於劣勢的日本汽車製造商，卻以新的管理制度與製造技術，打敗美國同業。在數位時代，沒有一家企業能夠幾十年不受到挑戰。

現在只要有人在市場上提出新構想，比方說Uber、Spotify、Instagram，商業模式很快就會成熟。可以繞開需要燒錢打造的發行系統。消費者即使身在遙遠地帶，只要使用社群媒體，幾乎可以立刻得知新產品的消息。所以要努力才能站穩腳跟，而且要持續努力。一定要持續為顧客創新，尋找並執行追求營收成長的新途徑，否則競爭優勢無法長久。

未來路上的障礙

這本書接下來的內容，會說明你需要知道哪些事情，才能理解並依循新競爭規則。在此同時，你必須拋棄以往有效，而且你在大半個職業生涯所養成的觀念與想法。這些到了現在多半成了阻礙，侷限你的思考與想像力。以下是幾種常見的過時想法：

過度倚賴過時的理論。一個世代的企業領導者，追求成長與競爭所奉行的指導原則，是幾十年前的產物。麥可・波特在一九八〇年代，以他的經典著作《競爭策略》及《競爭優勢》，重新定義了策略規畫。已故的普哈拉與蓋瑞・哈默，在接下來的十年，傳授我們策略意圖與核心能力。現在的經濟已不同於當時。貝恩策略顧問公司、麥肯錫公司，以及波士頓顧問公司早年的思想領袖所提出的概念，是嘉惠了全世界成千上萬企業領導者的真理，也是MBA課程的精髓。但在現在的數位經濟，這些全都無法帶給企業競爭優勢。

波特所提出的五力分析，重點在於管理進入與退出障礙，並運用兩種一般策略的其中之一，亦即降低成本或差異化，進而提升市占率。此模式鼓勵企業以大量的資本投資，發展專利、品牌知名度、發行、規模這些永續的競爭優勢。但這些障礙多半無法擊潰亞馬遜、阿里巴巴在內的電子商務企業。

競爭分析的對象，是在一個定義明確的產業當中的一群已知的企業。後來Uber、Lyft以及其他共乘企業入侵汽車業，我們也因此定義了新的「移動」市場。突然間，Uber偷走了原本可能會購買福特或通用汽車產品的顧客。同樣的道理，現在的旅客可以使用別人家中無人使用的空間，或是在 Airbnb 預訂樹屋、船屋之類的非傳統住宿，以及包含品酒、音樂欣賞等活動的旅遊「經驗」，於是旅館業的界線也變得模糊。

以往的改變是循序漸進，且較為緩慢。企業花上幾週、幾個月的時間分析競爭環境，擬定堅實的策略，打算沿用好幾年。如今轉型變化成為常態。每一家企業都必須能料想，哪些因素會讓他們最完善的計畫，在未來變得不合時宜，並迅速調整方向。

發展核心能力，在數位時代反而是一種累贅。為什麼？因為很容易助長內外顛倒的觀點，窄化領導者的外圍視野，限制了想像力。企業往往會因此逐步踏入周邊部門（Nike 推出運動服，赫茲租車進軍卡車租借），或是發展現有品牌的新用途（WD-40 原本是防鏽產品，現在則變成多重用途的產品，用途多達數十種，從手套防水，到清潔高爾夫球桿應有盡有），而不是開創新市場。

核心能力是有保存期限的，總有一天會過時，必須發展新的核心能力。現在由於資訊發達，消費者的地位最高。但我很少看見企業將理解消費者的全程經驗，當作一種核心能力。傳統零售商太晚發現必須培養電子商務能力的現實。沃爾瑪在執行長道格・麥克米倫的領導之下，購併 Jet.com 以發展線上實力，目前也正在試驗線上銷售與實體銷售並進。

企業長期死守對於核心能力的狹隘觀點，不去培養新時代所需的能力，將付出慘痛的代價。Netflix 與 Hulu 較早開始發展串流事業。迪士尼、蘋果、亞馬遜，以及華納媒體好幾年後才開始。福斯發展串流的步伐緩慢，但還是及早將電影資產賣給迪士尼，逃過了嚴重虧損的下場。

即使是投資組合或資本配置模型，例如波士頓顧問公司知名的矩陣，將企業依照市占率與成長率，歸類為四大象限之一（金牛、明星、狗，以及問號），也仍然存在問題，因為這些模型假設當前的現實，也就是企業需要關注的現實，大致會維持不變。

強烈的漸進主義與短期思考心態。在重視每股獲利與市占率的企業建立職業生涯的領導者，即使會做三年的預測，也絕對會強調一年就要做出成績。這或多或少也是受到他們的薪酬獎勵影響。我拜訪企業執行長，詢問他們的近況，他們的回答出奇雷同。說的話不外乎「這一季表現很好」、「我們上一季超越寶僑」。他們追求的是近期成績要進步，哪怕只有一點點也好。

相較之下，Netflix 執行長李德・黑斯汀則是著重平台有多少訂戶，訂戶的參與程度又是如何。他可以每天觀察這些數字，做出調整。但他也重視長期發展的決策。Netflix 認為往後可能會失去其他公司的電影與電視節目授權，因此趁早開始製作原創內容。

遇到顧客就有盲點。我身為七家企業董事會的成員，過去二十五年來，大約每年要評估大企業所提交的二十份策略經營計畫書。通常是在豪華的場地，在為期兩日的盛會，與董事會其他成員，一同觀看幾份長達一百多張的 PowerPoint 投影片。這些簡報充滿了對未來的展望、歷史資料、過往成就，也包含所謂的 SWOT 分析（優勢、劣勢、機會、威脅）。簡報通常會呈現曲棍球球棒曲線圖，顯示未來一年表現會先衰退，然後數字會大幅攀升。這些簡報很多是由知名顧問公司製作。

猜猜看簡報從來不會有哪些內容？從來不會說明競爭優勢的有效期限。不會闡述消費者為何偏好他們。不會深入探討顧客全程經驗，包括從第一次接觸產品或服務，到後續的使用與維修或服務，以及在此之間每一次與公司的互動。最後也是最重要的，這些簡報壓根不提未來可能進入市場的競爭對手，以及可能會出現的競爭行動與反應。

可口可樂與百事可樂這一對死敵，在一九八〇年代孜孜不倦研究顧客的偏好。當時重視量化指標，更甚於質化指標。但決策者僅憑數字，並不足以評估最重要的指標，也不足以預測消費者行為可能出現的變化，而這些變化會反映在未來的數字。大多數在傳統企業一路升遷上來的領導者，就被困在狹隘的數字堆中。

接受現有界線。將企業依據產業歸類，後來再依據產業部門歸類，原本是有意義的，直到近年才有所不同。這樣做除了定義企業的戰場之外，也方便投資人與分析師進行有意義的比較。這些產業定義，例如航太、國防、汽車，通常是依據企業製造的產品的實體外型。分析師有時會發牢騷，說很難追蹤在眾多產業競爭的企業，例如奇異公司，但他們也找到模擬同儕團體的方法。

數位巨擘並不在意哪些產業該進入，哪些又不該進入。他們念茲在茲的是消費者。無論在哪裡，只要看見機會，就要提供新的消費者經驗。他們思考的重點，是如何提供更完整的全程經驗，通常會觸及眾多傳統產業。Netflix 經營娛樂串流事業，但也有能力推出教育產品。亞馬遜以零售起家，但也是物流、雲端運算，以及廣告界的重量級企業。

傳統競爭者認為必須單打獨鬥，數位巨擘卻不會畫地自限。他們要是沒有能力滿足顧客需求，就會想辦法尋求外部企業支援。他們是以開放系統及生態系統的角度思考。騰訊想將旗下的 WeChat 社群媒體服務，擴及歐洲的中國旅客，便與荷蘭電信與資訊科技巨擘 KPN 合作，不到三個月就生產 SIM 卡，並推出電信服務。

這種心理界線的差異，也展現在資金方面。傳統企業通常認為，如果要推行較為大膽、成本較高的成長計畫，投資人與貸方的反應會是一如既往的存疑。若是能拿出過往言出必行的紀錄，當然能加分，但數位巨擘不會因為擔心找不到資金，就縮減自己的抱負。

相信大眾市場與區隔化。過去一百年來，我們的生活水準大有提升，是因為商品大量生產，讓大多數的人負擔得起。相較於先前的家庭手工業時期，大量生產是新世代出現的巨變。在大半個二十世紀，大量生產與大眾市場衍生出市場區隔。例如福特推出的適合所有人的T型車，催生了通用汽車的各種車款，從此每一家汽車製造商都有多種車款。

運用演算法將顧客經驗個人化，而且通常還能降低成本，再次改變了大家的期待。所有產品與服務的設計與執行，都必須考量一個現實，就是演算法能以低廉的成本，實現個人化的經驗。以大量生產的經濟原理，在大眾市場拿下市占率，已不再是經營競爭優勢的必經之路。即使是鎖定某一塊市場區隔，可能也不足以對抗數位競爭者。領導者在顧客旅程的每一個接觸點，都必須努力實現個人化。你在下一章會發現，認真尋找就會找出開發廣大新市場的機會。

第三章 十倍、百倍、千倍的市場

規則一：個人化的消費者經驗，是大幅成長的關鍵。

數位時代的機會，遠大於商業史上過往階段的所有機會。數位企業的領導者，也看出這種潛力。他們的天性就是會尋找能迅速擴張的機會。他們思考的是比現在的市場大上十倍、百倍，甚至千倍的市場。

在一九七〇年代，企業的資訊處理，是交給要價數百萬美元的大型主機電腦。當時比爾．蓋茲想像的世界，是每一家、每一張桌上，都有一台電腦。他認為電腦會有很大的市場。當時個人電腦尚未問世，但科技已經開始朝著這個方向發展，使用製造成本逐步降低、體積較小的半導體晶片，計算能力更強。隨著產業持續演進，比爾．蓋茲的概念又怎麼不會實現呢？當然實現了，現在大多數的人，口袋都有一台平價好用的電腦，就是手機。

傳統零售商長期受到經營地點範圍所限制。想要擴大影響範圍，需要相對較長的時間，以及許多資金。但網路消滅了地理的界線。諸如亞馬遜、阿里巴巴、JD.com、騰訊、Rakuten、Ｂ２Ｗ，還有到現在好不容易才加入的沃爾瑪這些網路巨擘，藉助網路的力量，幾乎可以接觸到全球七十二億人口。沃爾瑪用了超過五十年的時間，市值才攀上三千三百七十億美元。亞馬遜只用了不到二十五年，市值就接近這個數字的三倍，在二〇二〇年初約為九千四百億美元。在這二十五年間，亞馬遜的營收從零躍升到兩千八百億美元，僅僅在二〇一八至二〇一九年的一年間，就成長百分之二十。

現在的數位巨擘領導者，經營事業是憑據無邊無際的想像力，以及遠大的思考。但他們的思考另一個與眾不同之處，是無論做什麼事情，都會極度關注個別的消費者。他們的每一個決策，都是以消費者為重。

他們先是深入了解消費者的行為，接著再利用對於演算技術的基本認識，思考該如何轉變消費者的整體生活經驗的某些部分。他們具體規畫出想要創造的消費者經驗，也通盤了解消費者為何會想要這樣的經驗。

這些數位領導者為自己的公司做決策，最應該思考的問題是：這樣做對個別消費者有什麼好處？他們不斷為了個別消費者而努力，用盡一切合理的方式，重新塑造商業環境，實現他們所想像的經驗。他們想像的願景若是得到顧客青睞，口碑就會迅速蔓延（透過網路），新市場也會快速擴張。有時候消費者的行為還會因此改變，消費者的期待也幾乎會一直改變。

亞馬遜在十幾年前推出一項方案，消費者繳交固定的年費，在美國就能享有兩日到貨免運費服務。亞馬遜這可是棋走險招。但執行長傑夫．貝佐斯一開始就研判，顧客會想要這種服務，同時也動用亞馬遜強大的作業能力，以及資料與演算法，判斷該如何推出經濟上可行的免運費方案。亞馬遜也研判該在哪裡設置新的配送中心，又該如何運用科技，創造最高的營運效率。物流現已成為亞馬遜無人能敵的核心能力。亞馬遜的一位前任主管表示，運送成本最終降低了十倍。

有了滿足消費者需求的新構想，再加上細部的規畫，以及貫徹到底的風格，效果遠勝於純粹喊喊「我們的規模會比競爭對手某甲更大」，或是「我們的目標是創下兩千億美元的營收」之類的口號。

現在因為亞馬遜以及其他幾家企業，大家都認為快速到貨與便利是理所當然。企業向其他企業購買，也會要求迅速與便利。因此許多傳統競爭者也有所警覺，不得不改變。這些傳統企業居於劣勢，因為必須在別人定義的迅速變遷的市場競爭。無論 Uber 長期能否繼續生存，這家公司、Lyft，以及滴滴出行之類的共乘公司，已經促使大型汽車公司，適應業界的經濟環境的變化。汽車公司現在逐漸退出某些區域的市場，大幅減少車款，並將經營重心從製造轉向移動。

沃爾瑪驟然奮起，開始反擊亞馬遜。沃爾瑪發展電子商務事業，也在思考如何將電子商務與實體門市結合。巴西的傳統零售商 Lojas Americanas 創設的電子商務新創公司 B2W，遠遠領先後來才進入拉丁美洲的亞馬遜與沃爾瑪。亞馬遜與沃爾瑪在印度互相競爭，沃爾瑪是藉由買下印度電子商務巨擘 Flipkart 的多數股權。然而印度第二大企業「信實工業」出資成立的一家新創網路公司，也對這兩家數位巨擘形成挑戰。信實工業運用精煉事業賺來的大量現金，讓 JioMart 得以與這兩家電子商務巨擘平起平坐。截至二〇二〇年初，這三家都還在虧損，消耗現金。

在我看來，天生數位的公司的領導者，他們最大的優勢之一，是具有心理自由，能想像不存在的東西，以及消費者能如何從中受惠。他們的公司所做的一切，都是以實際的消費者經驗為主，目的是要改善消費者的一部分生活經驗。讓人聯想到的形容詞包括**更便宜**、**更快**、**更方便**、**無麻煩**。而且這些形容詞適用於金融、搜尋、社群媒體、購物、娛樂、旅遊，總之可套用在人類所有的行為。

這些領導者似乎不會受限於公司現有的能力。即使擁有發展成熟的核心能力，也不會因為要發揮這個核心能力而受困。他們比較在意顧客想要怎樣的新經驗。他們不接受產業、市場，或市場區塊這些尋常的障礙，反而還常常結合眾多產業的活動，實現他們的願景（詳細內容見第五章）。

思想的巨變

大多數的企業，是透過發行鏈的幾個環節，接觸消費者。一家製造冰箱的公司，將產品賣給 Best Buy、P.C. Richard 之類的零售商，消費者在零售商選購各種品牌與型號。製造商通常會將零售商視為顧客。

很多企業與價值鏈的下一個環節建立穩固的關係，因此得以成功經營數十年。企業只要了解直接往來的顧客要什麼，讓顧客開心，就能穩健經營。只要這些直接往來的顧客不離去，企業的日子就很美好。

現在，這種想法必須大幅改變。每一家企業都必須了解，他們的終極顧客，是使用或消費他們生產或協助生產的產品或服務的人類。我在這一章刻意使用**消費者（consumer）**以及**終端使用者（end user）**兩詞，而非**顧客（customer）**，就是要強調這個重要的區別。每一家所謂的B2B（企業對企業）或實業公司，必須以零售商或消費者產品製造商的身份，聚焦在終端使用者身上。

微軟多年來始終是一家傳統的B2B企業，將自家研發的軟體販售給電腦製造商。但在執行長薩蒂亞・納德拉的領導之下，微軟轉變心態，以終端使用者為重。微軟仍然直接販賣軟體工具給企業，但心態有所不同。納德拉與他的團隊知道，成千上萬人每天使用微軟的產品，所以微軟在很多方面，是一家直接面對消費者的公司。銷售團隊變成「顧客成功」團隊，負責蒐集使用者持續回饋的意見，公司也鼓勵團隊發掘新需求，以及能提升生產力的新方法。微軟的態度從「我們什麼都知道」，變為「我們必須了解，使用者真正需要的是什麼」。

心態的改變也反映在微軟的產品線上，重新點燃產品線的成長。隨著個人電腦式微，微軟的主要市場也衰退，因此微軟調整產品線，支援行動裝置、連線、合作、視覺化，以及持續創新。微軟看好三項新科技：人工智慧、混合實境（將實體世界與虛擬實境混合），以及量子計算，並研發了一系列的工具，顧客可以租用或訂閱，新創公司也可使用。微軟改變了對待終端使用者的態度，不僅刺激了原先放緩的成長，整個企業也走上全新的成長之路。

除非一家企業是為消費者製造產品，或是直接將產品賣給消費者，否則大概不會花很多時間仔細分析消費者。但消費市場才是戰場。消費市場是各家企業暴露嚴重弱點的地方，也是蘊藏巨大機會的地方，是消費者的不滿會惡化的地方，也是日常問題被忽略的地方。企業與領導者分析消費者，可以收穫重要的資訊，例如從社群媒體上不受拘束的溝通，就能得知消費者不滿意的原因，受到什麼吸引。消費者是構想的終極來源，來自消費者的構想，能創造連續幾年的巨幅成長。

有些企業領導者做決策，是針對直接競爭者。他們會留意市占率，分析稱霸業界的四、五家公司的成本結構、品牌知名度、發行空間，以及定價能力之類的指標。他們的精力是花在讓自家提供的產品或服務，稍微有所改善。他們通常是以產品為中心，依靠大規模行銷與週期性的廣告活動，刺激需求。

習慣於以競爭者為重而進行產業分析的人，恐怕難以改變心態，但以線性順序看待價值鏈的習慣，必須要有一百八十度的轉變，要從爭奪價值鏈下一個環節的顧客，改為了解終端消費者（見下圖）。

數位巨擘持續重視消費者的整體經驗，反向思考。亞馬遜的貝佐斯出於本能，也許可以

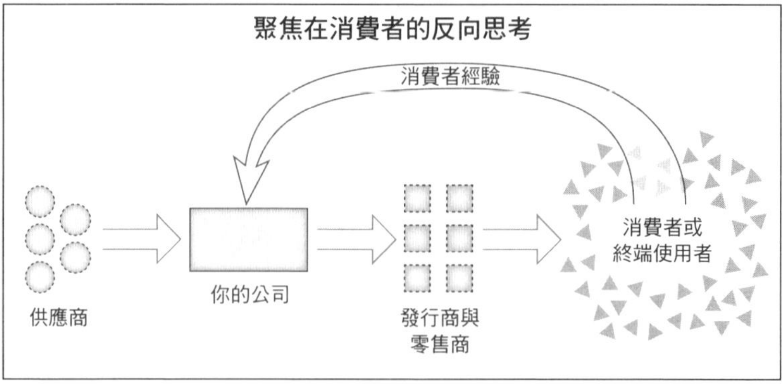

說是不由自主，從消費者的角度看事情。他經常從這個角度改善經營。

任何人要想向亞馬遜提案，在審核程序的一開始，必須先遞交長達六頁的報告，說明提案會帶給消費者哪些好處（亞馬遜使用的是「**顧客**」一詞）。團隊草擬一份新聞稿，以及一組常見問題集，強迫自己站在消費者的角度，思考提案有哪些好處，能解決哪些問題，對消費者又會有什麼樣的影響（定價、背後的技術、可能會有的缺點等等），思考過後才開始進行。所需投入、預期結果這些量化指標，則是出現在審核過程後續的階段。

類似亞馬遜這樣的網路零售商，很容易接受以消費者為重的原則，但這項原則其實適用於每一家數位巨擘，包括 Alphabet（Google 的母公司）、臉書、Netflix、推特等等。這些企業所做的一切，全都是依據消費者經驗，而不是依據競爭對手的動作，或是自身的核心能力。**我們該如何創造更好的消費者經驗？**只有與消費者經驗有關的競爭對手，才是需要重視的競爭對手。其他數位企業會如何改變消費者經驗，以及消費者的期待？貝佐斯將他的優先次序說得很清楚：「如果可以在總是在意競爭對手，以及總是在意顧客之間選擇，那我們總是會選擇在意顧客。」[1]

你一旦發現科技與網路創造了這麼多服務消費者的新方式，以消費者為重就會變得很有意思。現在已經可以蒐集到個別消費者的資料（臉書擁有二十三億消費者），也可以運用蒐集到的資訊，提供個別消費者更好的服務。我自己將這個構想簡化為M＝1，M代表只有一個人的市場區塊。

一個人的市場

M＝1是終極的個人化，是競爭優勢的基礎，能同時為顧客與股東創造極高的價值。

早在一九九〇年代，貝佐斯就預言，亞馬遜總有一天會依據個別消費者的偏好，提供每一位消費者個人化版本的亞馬遜網站[2]。客製化的推薦購買清單，現在已經是老招式。依據個人瀏覽紀錄，所製作的客製化推薦電影清單，也同樣是老套。消費者一開始對於這種客製化感到意外，但很快就適應，也認為這是企業理應提供的服務。

數位時代的不同之處，在於提供客製化經驗的成本，可以等於或低於專為更大的市場區塊所設計的客製化經驗。而且在這樣的情況下，客製化幾乎總是勝出。蘋果的個人化則在於其軟體產品。公司推出的裝置其實有限，但使用者可以將功能客製化，安裝符合個人需求的應用程式。

我們知道星巴克會迎合顧客的偏好。根據星巴克的網站，星巴克門市販售十七萬種飲料。這家企業使用資料、感應器、雲端，以及人工智慧，以更為個人化的方式，與顧客互動。加入星巴克忠實顧客計畫的一千八百九十萬名顧客的每一位，都會收到個人化訊息。一位顧客收到的訊息可能是「您應該會喜歡我們專為您設計的新『菜單探索』」，另一位收到的可能是「舊金山今天多霧，來一杯南瓜香料拿鐵取取暖！」

星巴克策略長麥特．萊恩對協助星巴克進行個人化的波士頓顧問公司團隊表示：「我們先前廣發電子郵件給很多顧客。現在我們發電子郵件，是很有針對性的，所以我們的溝通更有效率，也更有效，用不著推出全面大折扣。我們現在會選擇發放的對象，發送適合的訊息，增加顧客與我們的接觸。」

科技很重要，但消費者才是終極重點。星巴克執行副總裁兼科技長傑瑞．馬丁．弗里金格表示：「我們所有科技方面的工作，都是著重在門市與顧客的連結，人與人之間的連結，一次著重在一個人，一杯咖啡，一個鄰里。」[3]

成本降低也是致勝的關鍵。沃爾瑪在前幾十年最重要的策略，是降低物流成本，提高生產力，因此很多低收入消費者，也能買得起沃爾瑪販售的商品。這對社會是很大的貢獻。沃爾瑪創辦人山姆．沃爾頓引導公司為了消費者而降低成本。現在因為有數位科技與網路，低價與個人化已經成了每一位消費者的「必備」。

一家傳統公司若是只顧著生產具有廣大吸引力的產品，打造巨大的市場，等於完全搞錯方向。關鍵在於要找出能個人化，同時也能突破國家或文化的界線，吸引大批消費者的經驗。

要想像一個能個人化，又能吸引很多人的經驗，首先要思考個別消費者的經驗。如果你從事的工作是生產、財務這些功能性的領域，與消費者並無直接關連，要做到這一點恐怕很困難。但也可以想想一個人的生活中的全程經驗，例如工作、旅遊、社交、購物，或尋求醫療。

要深入研究，藉由各種觀察、分析、思考，以及你的個人經驗，了解某一種經驗的一切，例如買車或度假的經驗。摩擦與不滿的點在哪裡？接觸點與痛點又是什麼？

製作「顧客旅程」已經成為一種新興專業。要製作顧客旅程，就要分解消費者從第一次接觸到構想，或是第一次發現需求，一直到消費者購買之後的經歷，當中所出現的所有互動與決策步驟。我看過有些公司有特別小組負責此事，而且會持續更新、改良。富達的個人投資部門投注大量時間與精力，歸納出三大顧客類型，作為重大決策的依據（詳情見第七章）。

無論使用何等複雜的資料與方法，分析顧客旅程都只能補強未經過濾的消費者觀察，而不能完全取代。任何一位小店的店主都會告訴你，要進行諸如定價、商品陳列之類的戰術決策，少不了要觀察顧客，傾聽顧客的意見。即使在數位時代，你的優勢也或多或少是來自你藉由觀察歸納出心得的能力。

每一位領導者與員工，都應該找機會直接觀察消費者，思考消費者為何會有現在的經驗。為什麼大家會這麼做？什麼會讓他們不滿？消費者希望情況有哪些不同？少了什麼？諸如此類的簡單問題，就能衍生出大道理。

我發現具有「敏銳觀察力」，能注意到其他人沒注意的東西的領導者，往往也能洞悉什麼是更好的消費者經驗。他們能想像出消費者根本不知道自己需要的東西。蘋果的賈伯斯便是以這種能力聞名。

我與全球幾乎所有產業的多位高層領導者合作，發現許多傳統公司的高層嚴重缺乏敏銳觀察力。五十年來我有無數的機會，在非正式場合與他們見面，有時是在他們的家中。在較能放鬆的環境中，他們思量的優先次序、興趣，以及技能就會表露無遺。但同樣表露無遺的是，他們顯然不了解消費者的全程經驗。

在另一方面，我也看見旗下包括 Theory、Uniqlo 等品牌的日本服飾公司「迅銷」的執行長柳井正，在全球各單位遍尋他認為真正對消費者有同理心的人才，組成一個團隊。他指派團隊成員以「消費者人類學家」的身份實地訪查，再齊聚分享各自的觀察。Uniqlo 最高管理階層的決策，就是依據這些相對年輕、經驗較少的員工的集體意見。執行長本人對於消費者的直覺也很敏銳，他的重視與指導，提升了敏銳觀察消費者行為的文化。

印度最大零售商 Future Group 旗下包括有「印度沃爾瑪」之稱的 Big Bazaar 連

鎖大型超市。創辦人兼執行長基索爾・比亞尼也創辦了Pantaloons，後來成為印度最大連鎖服飾店。他雖然要管理零售帝國，卻也認為必須直接觀察消費者。他曾對我說：「我一個禮拜會到現場兩次。我們每次跟別人見面或到門市去，都會觀察別人。他們往購物籃裡放了些什麼？」

他發現小村莊的女生，會穿牛仔褲去神廟，就明白社會正在改變。購物的顧客會更能接受西方服飾。新的行為也代表女性在本國文化中，越來越受到尊重，也越來越獨立，對於購買決策的影響力也可望增加。比亞尼是在類比世界培養出敏銳的觀察力，但這種能力在數位時代更為重要。

你思考消費者經驗能如何改善，甚至完全改變時，先不必擔心你的公司該如何應對。至少現在還不用擔心。如果你一開始就只關注你的公司本就擅長的項目，也就是你們的核心能力，你的想像力就很有可能受限。

將近四十年來，絕大多數的企業是依循普哈拉、蓋瑞・哈默，以及後來的克里斯・祖克所提倡的原則，發展白家的核心能力。這套原則現在受到質疑，因為它們傾向於事後檢討，而不是放眼未來。數位巨擘一再證明，在消費者的行為與力量快速變動的世界，你昨天做的事情，現在看來可能並不重要。企業的核心能力一旦不符合消費者變動的需求與喜好，企業就會陷入苦苦掙扎的窘境。其他企業則會崛起，因為知道消費者想要的東西，也相信能運用數位科技，做到先前絕對做不到的事。

即使你的企業現在還無法滿足消費者的需求，只要把握機會，就能激勵自己培養滿足消費者需求的能力。至少你能夠預料，你的產業或價值鏈在近期會受到怎樣的干擾，你可以從什麼角度切入，又必須改變什麼。

創造一百倍的未來

我發現傳統公司的領導者，多半缺乏遠大的思考，往往覺得一直進步就是好現象，但其實他們不該那麼容易滿足。

要創造全新的市場，有一種辦法是將現有產業的部位加以串連。什麼樣的經驗會讓消費者失望？消費者真正想要的經驗，需要將哪些活動無縫隱形接軌？在什麼樣的情況，應該把東西綁在一起？公司有沒有能力創造新的生態系統，進而改變消費者經驗，不僅能滿足消費者的新需求，還能拉高消費者的期待？

要回答這些問題，你需要具備問對問題的好奇心，還要敏銳的觀察力，再加上想像力，以及對於自家企業及演算法的基本知識。這種開拓百倍市場所需的技能、知識與想像力，並不一定集中在一個人身上。寶僑的前任執行長雷夫利說得對，構想可以來自任何地方。知名顧問公司麥肯錫也開始舉行駭客馬拉松，讓來自各種背景的一群人尋思新的機會。

百倍市場的概念，終究必須投入想像中的消費者經驗。而這種消費者經驗是可以用科技改變、以及用資料加以客製化及持續改良。等到這種經驗以越來越低的邊際成本，出現在許多地區，到最後就能產生大量現金。

我們看過投資銀行家將價值鏈的部位結合或拆解（垂直整合），或主導相同產業的企業合併，鞏固其在業界的地位（橫向整合），大大提升賺錢能力。這些舉動的目的通常是降低成本結構，或是控制價值鏈中最有價值的部分。或許是睿智之舉，但也不過只是重整已經存在的東西罷了。

數位時代的領導者，面臨的是更嚴峻、卻也更令人振奮的挑戰：創造還沒出現、但**很多**消費者都會想要或需要的東西。蘋果迄今賣出十九億隻手機，使用者人數甚至超越這個數字。截至二〇二〇年一月，Netflix 在全球各地共有一億六千七百萬名註冊訂戶，使用者人數更高。在印度，大約有五億人使用手機，而且多虧了當地的電信公司 Jio 推出極為低廉的費率，電子商務得以在印度境內起飛。企業積極衝高數字，是認為隨著毛利大增，獲利就會實現。關鍵在於要比競爭對手更快達到毛利成長。

選擇要提供哪一種經驗，或多或少也要評估新的市場究竟有多大。網路能立即突破地理、文化，以及政治的界線。運用數位科技，能將帶給消費者全程經驗的邊際成本降至趨近於零。企業變成一台製造現金的機器，製造出來的現金，可用來進一步擴大市場。

想要擴大想像力，有一個辦法是以宏觀的角度看事情。以亞馬遜為例。亞馬遜二〇一七年的營收約為兩千兩百億美元。這樣的數位巨擘，還能有多少成長空間？那就要想想全球總消費大約是二十五兆美元，這是全世界的人一年的消費金額。線上消費約占二〇一七年全球總消費的百分之十，也就是二・五兆美元。線上消費的比例可望成長。倘若電子商務在總消費的占比，從百分之十成長至百分之二十，等於有五兆美元的市場。從這個角度來看，亞馬遜也只是才剛起步。

亞馬遜絕對不是唯一一家以宏觀角度思考的企業。我在Adobe、Netflix、微軟，以及其他電子商務巨擘，也見識過這種宏觀思考。這些巨擘之間的競爭越發激烈，那些動作較慢、企圖心較小、較不積極的傳統企業受到的壓力就越大。

我給企業領導者的建議是，他們應該與團隊、外部專家，以及同儕討論，找出新的遠大構想。成立一個小型團隊，一定要包含至少一位懂得演算法，了解顧客的成員，還要有一群年輕人，討論的話題才不會又回到以前的作法。要找出可能會延續，例如能延續個十年的新興趨勢。人口結構變遷一旦開始，就難以回頭；具體的科技創新可能難以預測，但科技、運算能力，以及創新的總體方向卻不難預料。舉例來說，我們知道隨著人工智慧擴大發展與應用，醫學及材料科學的創新速度也會變快。

找出價格差異

無論你目前處在價值鏈的哪個位置，都必須持續關注消費者，才能為你的公司發掘大機會，這機會也是潛在破壞其他企業的因素：價格差異，意思是消費者現在面對的價格，以及創意應用數位科技所能**造就**的價格之差異。只要有人能找出方法，利用價格差異，讓消費者受惠，整個產業就會被顛覆。找出價格差異的示意圖如下。

假設出版社出版一本書的成本是七美元，這本書在巴諾書店這樣的零售商的售價為三十美元。這裡的價格差異為二十三美元。亞馬遜的貝佐斯在這種價格差異看見了機會。消費者在亞馬遜的數位平台，可以輕

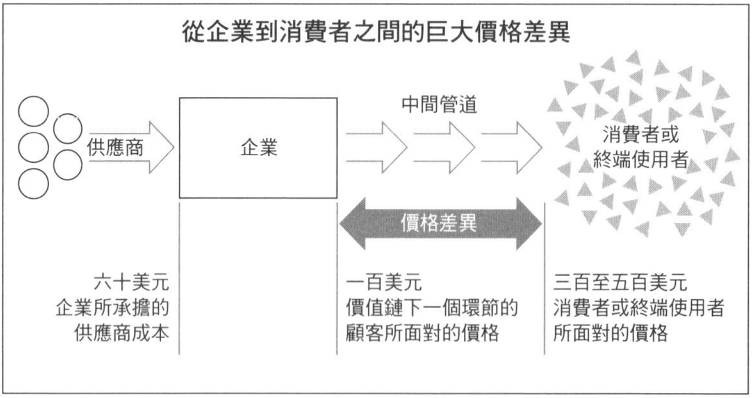

易在網路上買書，書是從「物流中心」直接寄到消費者的家。亞馬遜簡化了物流程序，產品再也不需要從倉庫與批發商，送往遙遠的零售商店，可以節省原本會累積的幾個百分點的成本。

以金錢計算的價格差異，也許會為你找出機會。但在數位世界，消費者的利益更大。大家耳熟能詳的口號「更快、更便宜、更方便」，形容的是數位科技直接面對消費者的模式，能帶給消費者的眾多優勢。所以亞馬遜才能在二十年前，就如此迅速遠遠超越傳統書店。後來亞馬遜也將這套方程式，運用在很多領域。

數位公司用盡辦法，與終端使用者直接接觸。電子商務企業家紛紛打造直接面對消費者的利基，涵蓋的眾多產品包括床墊（Casper）、公事包（Away）、刮鬍刀（Harry's），以及襪子（Bombas）。去除中間管道，就能降低成本。消費者得到的好處則有更低的價格，**以及**更多的選擇，更多的便利。最傑出的企業，會確保生態系統中的每一位夥伴，也與他們一起努力降低過高的成本，改善整體消費者經驗。

在市場中競爭

你創造了新的市場，也會迫使其他企業跟進。如果你創造了更理想的全程消費者經驗，其他企業就不得不仿效。其他企業加入戰局，整個市場也因此擴大。例如迪士尼推出Disney+之後，任何串流服務的總訂閱人數，以及總使用量也有所增加。

至於風險，當然就是新的競爭對手會運用不同的能力，重新定義賽局，再次改變消費者的期待。舉例來說，儘管現在的數位零售巨擘頗占優勢，塵埃卻尚未落定。亞馬遜正在試驗實體商店，沃爾瑪則是積極擴張網路市占率。諸如Casper、Away等新創電子商務公司，在某些城市開設實體商店，方便消費者觸摸、體驗產品。Harry's的刮鬍刀現在也在Target販售，更能接觸不喜歡上網購物的顧客。

產業專家對於影音串流的幾家新業者看法不一，但每一家大型業者，都擁有不同的資產組合。迪士尼擁有與自家故事及角色人物相關的主題樂園、圖書、玩具、數位遊戲，以及應用程式，能與Disney+影音服務互補。華納媒體有電影製片廠與HBO，蘋果有裝置與軟體，Netflix則純粹是一家有能力製造內容的串流服務公司。但關鍵的問題仍然未有答案：消費者喜歡的是怎樣的經驗？

新加入的業者也會影響定價。在前數位時代，新產品通常需要幾年才會創造出成熟的新市場。以DRAM（動態隨機存取記憶體）為例，DRAM曾經是全新的發明，也是全新的市場。經過一段時間之後，競爭對手加入，供給的速度超越需求，整個產業商品化，獲利能力嚴重下降。串流戰爭可能會出現類似的情境，供給的速度可能會超越需求，導致價格與獲利能力下降。有些數位市場獲利能力下降的速度，可能與市場擴張的速度一樣快。印度的電子商務就是很好的例子。近來的擴張主要由三家數位企業推動：亞馬遜、Flipkart（沃爾瑪持有多數股權），以及新加入的、口袋很深的信實工業。信實工業擁有電信公司Jio，以及大型連鎖零售店，並於二〇二〇年初推出電子商務網站JioMart。阿里巴巴在印度的版圖也逐漸擴張。

在稱霸全球的競賽中，印度成為這些巨擘的必爭之地。越來越多印度人使用手機，眾多業者積極打造便利又吸引人的線上購物經驗，因此市場必將擴大，爭搶顧客也必將白熱化。這些公司知道，獲取顧客所費不貲，但絕對重要，而且獲利可能暫時不會實現。

這些巨擘個個都在尋找優勢。例如亞馬遜發現，越來越多新使用者住在小城鎮，於是在印度各地設置一萬五千個據點，協助使用者瀏覽亞馬遜網站。亞馬遜將手機應用程式簡化，降低耗電量。也推出印度最多人使用的印度文版本的應用程式。

在印度本地發跡的 Flipkart，是由兩名亞馬遜前員工，於二〇〇七年創建。幾輪的募款先後注入資金，包括軟銀的願景基金投資二十五億美元，Flipkart 也一躍成為印度最大的電子商務企業。沃爾瑪後來以一百六十億美元，買下 Flipkart 百分之七十七的股權。沃爾瑪執行長道格．麥克米倫認為，這是進入快速發展的印度市場的最快方式。沃爾瑪退出巴西與英國市場，集中火力經營印度。

在一股意料之外的力量，也就是印度政府出手干預之前，價格戰已然開打。印度政府受到小商家的壓力，禁止外國公司持有存貨。非印度公司也不得再向特定顧客推出折扣與獨家產品。信實工業新成立的企業，要與充斥印度各地的小商家合作。新規則一出，局面開始朝著對信實工業有利的方向發展。

這些業者加快了印度市場擴張的速度。印度的電子商務營收，可望由二〇一七年的三百九十億美元，成長至二〇二〇年的一千兩百億美元[4]。百分之五十一的年成長率，為全球最高。可以說每一家電子商務業者，都將受惠於市場擴張，但只有時間能證明，顧客會傾向哪一邊，數位巨擘之間的激烈競爭，又是否會導致整個市場的獲利能力全面下降。

究竟需要具備什麼，才能每天在任何時間、任何地點，服務每一位顧客幾十億次？演算法！下一章要說明，涵蓋人工智慧及機器學習演算法的數位平台，為何會成為每一家企業競爭優勢的核心。

第四章 位於企業核心的數位平台

規則二：演算法與資料是必備武器。

除非你要將演算法與資料，當成企業經營的核心，否則你不可能為個別顧客創造出個人化的優質全程經驗，同時兼具規模。除了面對這個現實，別無他法。

現在每一家數位巨擘，企業的核心都有一個數位平台，將一系列的演算法加以串連，以蒐集並處理資料。大多數天生數位的公司，是先設置簡單版的數位平台，日後再逐步改良。

阿里巴巴的創辦人馬雲，並沒有電腦科學或寫軟體程式的背景。儘管如此，阿里巴巴的基礎仍然是一系列的演算法，負責蒐集、處理、傳送數位資料。一九九七年，馬雲看見了一個機會，打算運用網路，推動工業產品的買家與供應商之間的交易，而阿里巴巴再從中收取費用。馬雲在創始初期的十七人團隊，就包括熟悉電腦科學與Java程式語言的軟體工程師與編碼員。阿里巴巴創下市值從零、一路飆升到二〇一九年的四千五百億美元的爆炸性成長，主要歸功於改良原始的數位平台，以及設立新平台，例如電子商務平台天貓，以及電子支付平台支付寶。

擁有數位平台這件事本身，並不是永久的競爭優勢，但缺乏數位平台，絕對是個競爭劣勢，畢竟數位平台對企業來說有許多功能。數位平台能結合生態系統的各部分，導引並分析在眾多來源之間流動的資料，再客製化全程的消費者經驗。數位平台能促進新賺錢模式的運作，發掘消費者行為的模式，也能預測各種因素對於效率與成長的影響。

數位能力 vs. 數位平台

某些傳統公司的領導者，常喜歡誇口自家的企業正在發展數位能力。他們要表達的意思，其實是自家企業正在運用演算法，改良某些內部流程，或是建立了獨立的線上銷售管道。這些舉措能製造成本效益，保住實體商店正在流失的某些銷量，但遠不足以創造數位巨擘所能創造的效益。

舉例來說，為了對抗亞馬遜日益廣闊的版圖，包括梅西百貨、傑西潘尼之類的許多連鎖百貨公司，都開闢網站，方便顧客上網購物。他們的電子商務事業，基本是附加在核心事業之上，與核心事業並行發展。這些零售商並沒有改變物流，而且通常也沒有全盤改變消費者的購物經驗。他們的賺錢模式大致不變。獲利受到壓縮，引發實體商店先後倒閉。

新冠肺炎疫情的到來，讓許多傳統零售商猝不及防，他們的科技不足以應付消費者行為的驟變，也急缺現金。諸如亞馬遜之類以平台為主的企業，會努力滿足消費者的需求，而包括沃爾瑪在內的較早開始經營數位平台的傳統零售商，也得以迅速適應。

眾人皆知亞馬遜與沃爾瑪都在試驗，想找出能帶給消費者最佳服務的數位與實體組合。如同上一章所述，Casper、Away、Harry's這些小型電子商務企業，現在都有實體門市。企業無論擁有實體門市與否，要服務顧客、營運、賺錢，都必須具備數位平台，掌握數位平台產生的資料。傳統企業必須做出決定：是要打造數位平台，無論是逐步進行還是一氣呵成，買下一個數位平台，就像沃爾瑪買下 Jet.com，Disney 買下 Hulu，還是仿效許多小型零售商及幾家大型消費品公司，透過 Shopify 之類的第三方平台，加入別人的平台。

取得必要的技術越來越容易，也越來越便宜，所以應該不構成障礙。傳統企業並不需要聘請大批技術人員，從頭打造新系統。演算法可以花錢買到，也可以進行逆向工程，而運算能力、資料儲存，甚至演算能力，都能在雲端找到。

二〇一三年，新加坡星展銀行執行長派許・古普塔看見阿里巴巴之類的數位企業稱霸電子支付與借貸的速度之快，就知道星展銀行必須改變。星展銀行追求營收成長的道路很明確，就是服務更多中小企業，但毛利卻遠低於數位企業。古普塔認為星展銀行必須建立數位平台，當作經營的核心。「不是只有一堆應用程式而已，」他說，「而是重新思考科技建設。」

古普塔發現，即使是他年邁的雙親，也能迅速適應網路，因此星展銀行的員工應該也能改變。為了強化星展銀行轉型，他與團隊改變了參考架構。他們將星展銀行當成一家科技公司討論，而非當成銀行，同時也與科技公司比較，而非與摩根士丹利之類的金融機構比較。

我的朋友克利希納・蘇廷德拉是UST執行長。他還記得在一家主權財富基金舉辦的商業聚會上，與古普塔聊天。蘇廷德拉對古普塔說，他剛剛才跟古普塔的幾位競爭對手說話。古普塔問：「真的啊？是哪幾位？」蘇廷德拉回答：「花旗集團和美國銀行的人。」古普塔立刻糾正他：「他們不是我的競爭對手，Google、亞馬遜、阿里巴巴，還有騰訊才是我的競爭對手。」

二〇一八年，《全球金融》雜誌將星展銀行列為「世界最佳銀行」。這個獎項的評選標準，包括前一年的績效，以及聲譽、管理的卓越程度、領導數位轉型等指標。星展銀行也在同一年獲《歐洲貨幣》評選為世界最佳數位銀行。《歐洲貨幣》表示，各界開始將星展銀行視為數位企業。

其他企業的領導者應該意識到，了解數位平台在你的企業核心所能發揮的力量，在現在就跟了解供應鏈與企業金融一樣重要。

數位平台究竟是什麼

數位平台是一系列的演算法，能蒐集、分析資料。每一種演算法，都是特定的一套解決問題的步驟。演算法等於是我們大腦自動完成的功能的軟體版本。人類將接收到的資料，以原始型態予以儲存，運用於預測之類的決策。

舉例來說，在我小時候，我們家在印度經營一家鞋店，必須預測鞋子的需求量。印度有四季，最難熬的是雨季。在雨季期間，有一個節慶是鞋子需求的高峰。婚禮旺季也是需求大增的時候。我們要決定要買進多少雙鞋子，還有尺寸與顏色。絕對不能買進太多，因為存貨擱置的時間一久，就會聚集濕氣而腐爛。現金綁在存貨上，也是個嚴重的問題，畢竟印度的貸款年利率通常是百分之二十四。

我們當時沒有收音機，沒有報紙，更沒有電腦可以吸收資訊，只能騎單車，到六公里外的村莊，跟農民聊聊農作物的情況，藉此推測雨季何時會來，又會持續多久。我們運用大腦，參考歷史資料，依據眾多因素的或然率，做出預測。我跟幾個兄弟長年在比賽，看誰的預測比較準確。我們掌握的資料久而久之越來越多，預測也越來越精準。

我們這樣做，等於親身實踐貝氏定理，亦即湯瑪斯．貝葉斯牧師於一七六三年發明的數學定律，如今大多數的數位平台都在運用。如果你從過往的資料，得知一個事件的或然率，再整合新資訊，貝氏定理就能預測事件在未來發生的機率。貝氏定理是每一種用於預測的數學模型的根本，也是蓋洛普民意調查的核心。

有了現在的演算法，再也不必死守呆板的指定步驟。模擬複雜的思考流程的演算法，例如辨識書面文字與圖像的模式、推理，以及將其他回應互相比較，屬於人工智慧的領域。機器學習屬於人工智慧的一個類別，指的是能依據執行某項作業的經驗，改善自身生產的演算法。這些演算法是運用在語音辨識、線上詐欺偵察等等。我要表達的重點是，演算法平台並非表面上看起來那樣神祕。商業人士並不需要發明演算法，只需要知道演算法是什麼，以及演算法的功能就好。了解以後，就能開啟大腦的空間，吸收「過去做不到的事情，現在能做到」的想法。

以 Google 為例。在一九九〇年代末，兩位創辦人賴瑞．佩吉與賽吉．布林發明了名稱很貼切的 PageRank 網頁排名演算法，作為 Google 搜尋引擎的基礎。在此之前，網路搜尋的結果，是以一個搜尋字詞出現的次數而定，與上下文無關。

PageRank則是可以依據搜尋字詞與其他網頁的連結，以及這些網頁的品質，區分搜尋結果[1]。網頁的品質也就是狄金森大學電腦科學副教授約翰·麥考密克所說的網頁的「權威」。相較於現有的演算法，PageRank能產生更相關的搜尋結果，也是Google領先群雄的關鍵。

企業將演算法加以結合、改良，久而久之就能建立競爭優勢。Google持續調整自家的演算法，除了經常進行的逐步改良之外，偶爾也大幅調整。根據Google網站，Google Search在二〇一八年，一共改良三千兩百三十四次。二〇一九年十月，Google宣布推出新演算法，宣稱每十次搜尋就有一次會得到更好的結果。正如羅伯·柯普蘭在《華爾街日報》寫道，Google「運用高階機器學習與數學模型，自家目前的演算法常常無法處理的複雜搜尋要求與問題，未來都能得到更好的答案。」Google認為新的編碼程序，叫做基於變換器的雙向編碼器表示技術（BERT），是五年來搜尋技術最大的改良[2]。

亞馬遜的演算法從來不是一成不變。亞馬遜在創立初期，使用的是向麻省理工學院媒體實驗室的衍生單位買來的軟體。顧客必須評價幾十本書，演算法再依據評價結果，向顧客推薦其他書。但正如布萊德・史東在其著作《貝佐斯傳：從電商之王到物聯網中樞，亞馬遜成功的關鍵》所言，亞馬遜創辦人傑夫・貝佐斯認為這個流程對消費者來說太繁雜，於是他請亞馬遜的一群電腦科學家，設計更好的流程[3]。

不到幾個禮拜，他們創造了一種演算法，是依據顧客已經購買的書籍，推薦其他的書。這是個人化顧客服務的早期範例。史東寫道，亞馬遜全新研發的 Similarities 演算法，是「一顆種子，日後會長成亞馬遜無比強大的個人化作業。」[4] 在此之後的許多年，亞馬遜電腦科學家的人數大增，不斷研發、改善、增強演算法。

很多演算法並沒有取得專利。現在任何一家企業，都能使用 Algorithmia 之類的應需求而生的演算法公司研發的演算法。在雲端也能以各種價格，買到儲存與處理資料所需的運算能力。有些人工智慧研究人員即使在私營企業工作，也認為應該要將研究成果，與其他電腦科學家共享。他們要求任職的企業，至少必須發表他們研發的演算法的一部分。這些情況推動了某些人所形容的電腦科學的民主化。

企業的競爭優勢不僅來自科技本身，也來自演算法與資料的選擇。Netflix 不再僅僅依靠自家的串流技術做出區隔。串流技術是可以培養的，好比迪士尼就發展出Disney+。數位平台本身也是同樣的道理。我看過幾家大型企業用專利軟體以及現成可用的軟體，以及不超過十二人的人力，在一年之內做出數位平台。

沃爾瑪所用的辦法，是買下一個數位平台，也就是在二〇一六年，以三十三億美元買下 Jet.com。沃爾瑪在二〇〇〇年代初期，也曾涉足電子商務[5]。但到了二〇〇八年，網路銷售量仍僅僅排名第十三，遠遠落後亞馬遜。沃爾瑪於二〇〇九年，開放第三方賣家加入 Walmart.com，營收是有所提升，但還是不夠。道格．麥克米倫於二〇一四年就任沃爾瑪執行長，認為購併 Jet.com 能點燃營收成長。購併讓沃爾瑪得以擁有幾種非常高階的動態定價演算法，以及沃爾瑪所需要的技術專業。麥克米倫安排 Jet.com 執行長馬克．洛爾與其團隊，負責沃爾瑪在美國的電子商務平台，從此沃爾瑪的線上營收開始起飛。二〇一八年，沃爾瑪在全美電子商務銷售量排行雖然仍遠遠落後亞馬遜[6]，但已躍居第三。

有些傳統企業認為，為了接觸終端消費者而自行開發平台，未免太艱難，太昂貴，根本沒必要。總部位於加拿大的 Shopify 之所以成立，就是為了滿足這種需求。Shopify 表示，二〇一九年秋季約有八十萬家企業在使用 Shopify 的平台。

平台的作用

你希望數位平台能有怎樣的功能，就跟如何建立數位平台一樣重要。要將現有的事業，貿然轉換為數位平台，風險可是很高的。這樣的「大爆炸」很容易壓垮整間企業，損及核心事業，問題是要發展新平台，往往需要核心事業生產的現金。但話又說回來，如果逐步建造數位平台，可能還是無法縮短與線上競爭對手的差距，也無法產生實質的競爭優勢。

企業需要專家的建議，才能回答一些重要的問題，例如應該另外創設獨立的數位平台，還是在現有的系統之上，建立簡單的平台。現在也有供應商能為企業打造新系統，繞過SAP、ERP，以及不當的資訊科技基礎設施之類的問題。此外，還有新創公司提供預先訓練的人工智慧模型、管理的資料集，或是提供拖曳及放下的軟體模組，企業內部的電腦科學家就不必自己動手打造。

舉例來說，TensorFlow 是一個結合工具、程式庫，以及其他資源的開放原始碼平台，以支援機器學習。Google 建造這個平台，原本打算自行使用，用來執行Search、Gmail，以及 Google Maps 等產品。但 TensorFlow 現在已經是誰都能使用的開放系統，使用者包括 Airbnb、LinkedIn、PayPal、Lenovo，以及奇異公司等眾多企業。PayPal 就是使用 TensorFlow 偵測詐騙的模式。TensorFlow 也是 Google Open Source 所提供的眾多工具之一。

但是，數位科技要能真正發揮影響力，企業必須要先理解科技能發揮哪些作用，還要有懂得運用科技的商業頭腦。好的構想通常是一群擁有不同專業的人密切合作的結果。想像消費者經驗及市場、生態系統，還有你想使用哪些類型的資料，用途又是什麼，這些是人類要做的決定。

只要思考各種平台所蘊含的不同競爭力，設計平台就會比較容易。將消費者全程經驗個人化、創造百倍市場，以及創造類似 Uber、Lyft，以及滴滴出行的供給與需求的能力，都是大家熟悉的，但還有其他的能力。

消除中間機構，進而降低成本，是非常重要的能力。但數位平台還有另一個同樣強而有力的優勢，就是能以極具針對性的方式，立即且頻繁調整價格。按照企業的數位平台迅速更新的資訊，所定出的價格，會讓實體的競爭對手極難對抗。

動態定價能讓企業針對當地市場調整價格，甚至在某些情況，還能針對個別消費者調整價格。企業運用動態定價，能與競爭對手削價競爭，也能有效防範陳廢庫存，避免商品價格突然飆升。

亞馬遜抓出價格差異的本事可以說是太厲害了。亞馬遜 Marketplace 平台的第三方零售商，要是在別的地方以較低的價格販售相同的產品，立刻會被亞馬遜察覺。亞馬遜要求第三方在 Marketplace 以相同或較低的價格販售，表面上是為了保護亞馬遜的消費者。第三方要是不配合，就會被踢出 Marketplace。當然這些比較與調整，都是以電腦的速度進行。第三方零售商反對亞馬遜以演算法為基礎的定價政策，認為亞馬遜是以不公平的手段，強迫他們降價，壓縮他們的毛利。亞馬遜於二〇一九年夏季推出補救方案 Sold by Amazon，定出能保護賣方毛利的定價方針。

數位巨擘以動態定價打敗競爭對手，卻也從未忽視消費者。比方說亞馬遜就是以將產品從供應商運送到消費者的精準效率聞名。亞馬遜對消費者用心，因此以較低的價格嘉惠消費者，而不是只想賺取更大的利潤。

企業界廣為奉行這項原則，深入骨髓，所以CVS與Aetna在二〇一八年合併之際，有些分析師推測，這兩家企業的藥品福利管理業務結合之後，所節省的成本會讓消費者受惠。為什麼？因為亞馬遜才剛買下線上藥局PillPack，進軍製藥業，各界認為亞馬遜會善加利用直接面對消費者模式的效率，降低價格。

數位平台也是成長倍增的關鍵。第一，數位平台蒐集的資料，能讓企業了解現有平台能以哪些方式，創造新的消費者經驗。我在第三章曾提到，參考已經蒐集到的個別消費者資訊，就有可能精準滿足這位消費者整體人生經驗的另一項需求，而且不必負擔獲取顧客的相關成本。

如此一來，營收與毛利都會上升，因為獲取額外營收的成本逐步下降。何況運用資料與演算法分析新產品，並針對每一次相似的狀況進行研究和重點改良，也能降低創新的風險。

從許多天生數位的企業之例子，可以發現這些企業運用相同的基本平台，很快就能創造眾多營收來源，提高毛利。亞馬遜使用同一個數位平台，就能結合直接銷售、第三方銷售、廣告，以及貸款，增加營收來源。

澳洲航空原本是傳統企業，後來轉型數位，就是運用數位平台，在一個與販售機票很遙遠的領域創造新的營收來源。這家公司發現，與加入回饋計畫的旅客聯繫的平台，也能用來滿足旅客的另一項需求：健康保險。旅客向澳洲航空購買健康保險，會得到里程點數回饋，如果又有健走之類對健康有益的習慣，還會得到更多里程點數。

但數位平台最強大的力量，也許是能支援全新且不同的賺錢模式。Uber、Lyft、滴滴出行，以及其他數位企業，是依據複雜的計算，提供產品與服務。這些複雜的計算，一定要使用演算法才能處理。這些企業如今使用相同的數位平台，跨足新的服務與新的營收來源，例如餐點運送。

以 Acrobat Reader 及 Photoshop 等軟體產品聞名的 Adobe Systems，運用數位平台與雲端儲存，將自家產品轉化為服務。這家企業沒有販售軟體光碟，也沒有賺取一次幾百萬美元的下載授權費，而是打造數位平台，使用者只要支付訂閱費，就能使用所需的軟體產品。顧客只需要偶爾現購現付，不必一次大筆投資。

顧客很喜歡能自由訂閱的 Adobe 軟體，選擇符合個人需求的選項。在新的賺錢模式之中，產品的價格更親民，這對於缺乏現金的新創公司而言格外重要，而且產品永遠是最新的。Adobe 原本趨緩的成長就此逆轉，市場規模出現爆炸性成長。從二〇一五至二〇一九年，營收成長超過一倍，市值從四百億美元攀升至一千六百億美元。

其他軟體公司掀起了將軟體轉化為服務的大趨勢，Adobe 也在趨勢形成的初期跟進。SaaS（軟體即服務）現在是大家很熟悉的簡寫，衍生出來的許多變體，例如 DaaS（迪士尼即服務）[7]，如今也是眾人熟悉的字眼。SaaS 是媒體大師、合資企業合夥人，以及前 Amazon Studios 策略長馬修．波爾發明，用以形容他眼中迪士尼的新興商業模式。

阿里巴巴以平台發動全球擴張

在具有想像力的領導者手中，數位平台所能創造新的營收成長來源機會，幾乎是無窮無盡。亞馬遜發現，自家在 Marketplace 用來支援第三方賣家的數位基礎設施，也可以變身成一種全新產品，提供給顧客使用。掌管亞馬遜這項業務的安迪．

賈西，在二〇〇六年提出將這項服務提供給其他企業、收取費用的想法。這就是AWS（亞馬遜網路服務）的由來。AWS在二〇一八年創下兩百五十七億美元的營收，現在是亞馬遜獲利能力最強的單位。

賈西認為AWS能開創巨大的新市場，因此致力開發並推銷。他刻意不去強調AWS的獲利能力，以免驚動潛在競爭者。這項策略一時之間確實有效，但後來Google、微軟、IBM，以及阿里巴巴仍然加入戰局。二〇一八年，AWS拿下雲端運算——又稱「基礎設施即服務」——將近一半的市占率。雖然整體市場持續擴大，重量級競爭對手卻也迅速成長，競爭非常激烈。

高德納顧問公司表示，在市場的主要供應商當中，阿里雲的成長幅度最大，從二〇一七至二〇一八年，成長了百分之九十二．六。高德納公司發現，阿里雲能有如此驚人的成長，是因為運用獨立企業組成的生態系統。這些獨立企業提供基礎設施與軟體服務。如此阿里雲便可保留財務實力，持續大筆投資研發，繼續在全球擴張[8]。

阿里巴巴推出新產品的速度，跟亞馬遜一樣快，產品也與亞馬遜一樣廣泛，而且每次有新動作，在競爭對手心中所引發的恐慌，也不亞於亞馬遜。阿里巴巴與亞馬遜的市場重疊，但這兩家企業不盡相同。阿里巴巴最初進軍網路世界，是要提供一個平台，將小型供應商與產業買家連結。後來又增添了淘寶，將想賣東西的人，與想買東西的人串連在一起，比較類似eBay，而不像亞馬遜。接著又多了天貓，是類似亞馬遜的電子商務平台，以及同樣跨越國界的電子商務平台「天貓國際」。阿里巴巴一路上也推出支付寶，是一套數位支付系統，後來成為經營支付與金融服務的「螞蟻金服」的一部分。

阿里巴巴設有各種團隊，服務不同客群，並共享三層數位科技。正如楊國安與戴夫．烏立克在《組織革新》一書所言，第一層的科技涵蓋支援日常工作所需的各種系統，例如採購與顧客服務。第三層是資訊科技基礎設施，包括日常流程、安全，以及資料儲存。

中間的第二層是位於企業核心的數位平台，為阿里巴巴及其夥伴創造極高的價值。數位平台結合了生態系統各部位的資料，再運用演算法工具，全面分析消費者，並經常更新分析結果。這一層所用的科技，能找出「資料的共通性，以及各單位技術需求的共通性，將這些共同的需求，轉為標準化的服務模組，以供負責零售商管理、使用者管理、購物車、支付、搜尋，以及安全的團隊使用。」[9]

阿里巴巴利用位於中間的第二層平台，吸引新的合作夥伴，並幫助現有的合作夥伴邁向成功。這一層平台向大型公司提出獨特的提議，內容類似「這是我們的即插即用平台。我們將與您合作，連結我們的分析工具，以便資料來回流通。」本地合作夥伴可以將阿里巴巴從線上商店和實體商店蒐集的數據，與自行蒐集的數據結合，並使用平台的分析工具，更精確地鎖定市場，進一步了解消費者，提出個人化的建議，帶給顧客更好的服務，促進顧客的企業發展。

阿里巴巴發展出越多數位能力，累積的資料越多，外部企業就越想連結阿里巴巴的數位平台。阿里巴巴的作法最為特別之處，在於持有某些合作夥伴的股權，所以與合作夥伴之間的關係相當穩固，也可共享成長的果實。舉例來說，阿里巴巴在二〇一三年，與合作夥伴共同出資成立物流公司「菜鳥網路」，後於二〇一七年增加持股。阿里巴巴也持有兩日送達的訂閱制物流公司 ShopRunner 百分之四十的股權。

資料的核心角色

企業藉由阿里巴巴的平台，能接觸大量資料，全盤了解消費者，這對企業來說是個誘人的機會。能與合適的來源交換資料，是企業必備的競爭優勢。無論是由演算法做出決策，還是人類參考演算法所提供的資料，再自行決策，資料的品質、可靠度，以及時機，是企業能否迅速做出優質決策的關鍵。

你所需要的資料一定要能自由流動，而且必須相容。依據你對資料的用途而定，你可能會需要巨量的資料。機器學習與人工智慧若能有更多資料可以「學習」，產出品質就會更高。諸如自動駕駛車之類的高階應用尤其是如此。經營各種移動形態的企業，之所以要打造廣大的生態系統，其中的原因之一，就是需要掌握巨量資料，以利研究汽車必須面對的各種情境。

在新興的移動生態系統，大多數的資料來自汽車本身內部的感應器。而在物聯網，各種機械有內建的感應器，能即時蒐集資料，用於各種用途。例如奇異公司的渦輪就有感應器，能預測哪些零件應該進行定期維護。同樣的道理，迅達集團運用電梯產品內建的感應器所蒐集的資料，預測並診斷設備故障事件。

無論資料是來自感應器，或是來自與顧客的互動，數位平台必須能在精準的時機點掌握資料。亞馬遜與顧客的交流廣為人知，但亞馬遜也會從營運的關鍵點蒐集資料，例如包裹封箱、準備運送的時機點。掌握經過合適的演算法過濾的重要資料，就能迅速回應，無論是以人工回應，還是自動化的回應。「最簡可行產品」的構想能迅速進行試驗與重複，提升創新的速度與效率。

蘋果在打造醫療生態系統（我在下一章會詳細說明）的過程中，要克服影響醫療資料流動的兩項最大障礙：政府規範，以及雜亂的資料格式。蘋果的目的，是要將來自不同實體，包括健康保險、實驗室、醫院、診所、醫師的資料加以調和，再予以加密。另外也會將個人的 Health 應用程式或 Watch 的資料予以加密，消費者便可控制資料運用的方式。

蘋果在技術方面所下的功夫，外界很難察覺，但平順的資料流動，確實能提升整體的醫療表現。蘋果的提姆・庫克以及其團隊，想必是在構思醫療生態系統的階段，就規畫好資料流動的路線：從個人的 Health 應用程式，到保險公司。保險公司再向個人提供更低的費率，以及健康獎勵。從個人的 Health 應用程式，到醫師，再從醫師流動到個人，以修訂治療計畫。從聚合資料到研究機構，再從研究機構到參與藥品試驗的病患。

對於新創企業來說，取得資料並不容易，因為這些企業還在發展客群。可以向第三方購買資料，但價格昂貴。傳統公司握有大量資料，但往往埋藏在地窖，格式雜亂無章，而且不完整。現在的供應商，能以平實的價格製造單一版本的資料，有時價格不到一百萬美元。

要克服這些挑戰，只要思考基本的問題：我們需要哪些資料？我們擁有哪些資料？我們的資料有多完整？格式是否合適？

阿里巴巴在已經掌握的資料當中，找到了機會：賣方在阿里巴巴的平台所做的交易。在賣方的許可之下，阿里巴巴可以運用資料進行評估，例如分析賣方的生意有多好，合作夥伴是否擁有優質的信用評等。演算法能即時預測賣方的信用，大幅降低提供小型企業小額信貸的風險。這就是阿里巴巴在二〇一二年推出的螞蟻金服背後的概念[10]。

若是需要儲存大量資料，就難免要衡量是要自行儲存，還是使用雲端服務。要記住，一旦你經營的企業成功，資料量以及儲存資料的成本都將大增。

企業使用資料與演算法，消費者能從中獲得極大的價值。但若是隱私與安全受到侵犯，這個價值立刻會消失。到目前為止，消費者對於以資料換取更好的服務或免費使用，普遍覺得滿意。他們欣然簽署冗長的服務條款同意書，以便使用許多網站。但消費者認為企業會保護他們的個人資料，也會尊重他們的隱私。洩漏個資會把顧客嚇跑，精準過頭的廣告也會引發質疑。就連演算法本身也受到批評，有人認為演算法會將人類在擴大信用額度、篩選求職者、對抗犯罪等活動的偏見變成規則，並藉由機器學習予以放大。

我們的日常生活充斥著資料，因此保護資料與適當使用資料，也成為重責大任。管理自動駕駛車每一次移動的電腦系統，倘若輕易遭受駭客攻擊，絕對會影響自動駕駛車的使用。醫療紀錄的交流若是不安全，醫療生態系統也會陷入混亂。

我們參考過往歷史，就會發現只要有問題，某個地方就會有某人在思考解決方案。二〇一九年，Google 推出一系列工具，協助企業保護顧客的個人資料。某些專家認為，相較於儲存在個別企業伺服器的資料，儲存在雲端的資料更能抵禦網路攻擊。

尊重隱私是蘋果長年秉持的核心價值，而且在當今的環境，蘋果對於個人隱私的重視，可能會是一種競爭優勢。蘋果進軍醫療領域之際，也開始使用「聯合式」計算模型，將資料儲存在個人裝置，而不是儲存在雲端，同時運用加密技術以及其他安全措施，限制資料的存取。

數位巨擘若是背棄消費者的信任，卻仍然握有權力，主管機關將會介入。歐盟已經通過關於企業儲存、處理、分享資料的法規。美國的主管機關與立法機關也會跟進。有些立法者主張全面開發演算法的原始碼，以防範潛在的偏差。印度政府認為資料是公有財產，每個人在特定的限制範圍內，均可使用。在此同時，越來越多城鎮與州基於固有偏誤與隱私的顧慮，禁止使用臉部辨識。臉書與英國政治顧問公司劍橋分析分享使用者個人資料的消息曝光之後，受到輿論嚴厲譴責。在美國國會舉辦的聽證會，臉書執行長馬克·祖克柏顏面盡失。數位巨擘儘管必須面對限制，但絕不會消失。主管機關也不會消失。

B2W以數位平台為基礎的擴張

怯於打造數位經營核心的傳統企業，應該向已經做到的企業學習。第七章會重點介紹的富達個人投資，就是一個例子。巴西最大零售商 Lojas Americanas，則是另一個例子。

一九九〇年代末，亞馬遜開始在網路上賣書的僅僅幾年後，Lojas Americanas 這家巴西實體零售商的領導者發現，上網消費的發展潛力極大。這就造就了一家獨立的公司，後來發展成獨立的數位巨擘：B2W。B2W是一家上市公司，二〇二〇年一月的市值為三百七十億巴西雷亞爾（八十五億美元），是巴西股市前三十家最有價值的企業之一。

Lojas Americanas 成立電子商務平台 Americanas.com 之際，巴西如同世界其他地方，也才剛開始發展線上購物。Americanas.com 販售的商品包括衣服、亞麻布製品、皮革製品，以及手機，與實體商店販售的小家電、糖果、玩具、健康與盥洗產品，以及內衣互補。

當時誰都不太了解數位購物平台，但 Lojas 找到了具備平台專業的人才，很快就在新興的市場領先群雄。電子商務新創公司 Submarino 也是一樣，與 Lojas 同時期創立，除了銷售商品之外，也經營線上售票、旅遊，以及消費者信貸。當時電子商務仍然是未開發市場，因此 Americanas.com 與 Submarino 都有充足的空間可以迅速成長，這兩家也確實突飛猛進。即使後來有一大群電子商務新創公司湧入市場，也無法撼動這兩家的霸主地位。

在二〇〇五至二〇〇六年，電子商務企業開始合併。Americanas.com 買下擁有家庭購物電視頻道，同時也是第三大電子商務企業 Shoptime，隔年又與 Submarino 合併。

在合併之時，Lojas Americanas 執行長米蓋爾．古鐵雷斯，以及董事長卡洛斯．艾伯托．西庫比拉，認為應該要將電子商務事業，當成獨立的實體經營。於是成立了Ｂ２Ｗ，由 Americanas.com 前任科技長安娜．塞伊卡里出任執行長。Lojas Americanas 仍然持有Ｂ２Ｗ的多數股權（百分之五十三．二五），其餘的股份於二〇〇七年八月在巴西股市上市。

Ｂ２Ｗ打從成立時，就是拉丁美洲最大的電子商務企業，旗下擁有眾多品牌與事業單位，分別在不同的數位平台經營。在塞伊卡里著手整合這些平台之際，全球金融危機爆發，所有投資不得不暫停。「我們不知道全球經濟會變成什麼樣子，也不知道巴西會受到什麼樣的影響。」塞伊卡里說。「所以我們雖然銷售成績很好，前景也一片大好，還是只能說：『不能再增加資本投資』，必須以節省現金為重。」

Ｂ２Ｗ秉持這種立場，得以安然度過金融危機。公司有獲利，分配了股利，甚至還在那段期間買回自家股票。到了二〇一〇年，Ｂ２Ｗ的平台重新開始運作，卻遇到另一個嚴重障礙。但這次的危機卻促使Ｂ２Ｗ改變策略，發展出更強大，更寬廣的核心數位平台。

Ｂ２Ｗ在整個經營期間，送貨是委託外部發行商及物流公司處理。其他線上賣家也是如此。幾乎每一家巴西的大型零售商，都認為必須進軍電子商務，線上賣家的數量因而暴增。問題是發行商與物流基礎設施的發展，跟不上電子商務流量增加的速度。訂單在二〇一〇年聖誕節期間攀上高峰，第三方根本無法交貨，顧客大為不滿，Ｂ２Ｗ身為國內最大電子商務公司，承受的客訴也最多。

經過這次事件，塞伊卡里與她的團隊退後一步思考。他們主張將顧客擺在第一位，所做的一切都必須遵守這個明確的原則。所以除了以面向顧客的數位平台，做為企業的核心之外，團隊也認為B2W需要發展自己的物流與發行的基礎設施。科技、物流與發行，以及顧客經驗這三個項目，成為三年戰略計畫的三大支柱，也開啟了新的投資週期，投資金額最高達到十億美元。

B2W的領導者知道前進的方向，也知道該怎麼做，才能達成目標，但現金是個頭痛的問題。B2W販售的是存貨，實體母公司 Lojas Americanas 向來也是如此。但在金融危機之後，隨著公司成長速度加快，越來越多現金綁在存貨。

B2W在一場董事會會議上討論現金使用，塞伊卡里提出一項解決方案：允許各自擁有存貨的其他賣方，在B2W的數位平台販售商品。B2W針對每筆交易，收取佣金。我也參與了那場會議。塞伊卡里的提議引發熱烈討論，最後董事會批准這項提案。二〇一三年，B2W推出 B2W Marketplace，是一個連結買家與第三方賣家的雙邊平台。公司還在打造未來，現金依然為負數，而且還會持續幾年，預期的大幅翻轉才會出現，但第三方銷售確實減輕了一些壓力。

新戰略計畫的進展也引起外界注意。科技投資公司 Tiger Global 持續關注Ｂ２Ｗ的情況，相當肯定Ｂ２Ｗ的遠見及第一年的成績。二〇一四年，Tiger Global 宣布將投資Ｂ２Ｗ目前股價的百分之八十五的溢價，也就是十億美元。公司股東非常支持這項投資案，而Ｂ２Ｗ也得以運用注入的資金，加快後續的步驟。

Ｂ２Ｗ很快接連購併三家企業，從此擁有強大的物流平台、儲存設備與轉運中心網路，以及已經在服務電子商務顧客的運送服務。再也不會在聖誕節停擺了！

要發展戰略計畫的第三支柱，也就是科技能力，必須多管齊下。在Ｂ２Ｗ經營期間，塞伊卡里始終強調要跟上新興趨勢與科技能力。她很清楚，數位平台是顧客能享有美好經驗的關鍵，自己也下定決心，要將Ｂ２Ｗ發展成世界級科技公司。新的能力將來自科技團隊的組織成長、購併科技公司，以及與一流的科技專家進行結構式合作。

Ｂ２Ｗ在兩年完成十一起購併，每一起購併都增添了重要的科技專業。購併的對象包括三家系統開發公司 Uniconsult、Ideais，以及 Tarkena，分別擅長後台系統、前台系統，以及顧客資料與存貨管理。Ｂ２Ｗ完成這三起購併，內部團隊成長了一倍，共有六百多位工程師，也催生了一家創新與企業經營中心。購併 Admatic 則是增添了專業工具，例如價格比較，以及虛擬商店最佳化。E-smart 則是開設線上商店的平台科技開發商。其他購併的對象，則是具有人工智慧、網路安全、線上與離線商店整合，以及在 Instagram 平台販售等專業。

為了解決特定的科技問題，塞伊卡里親自拜訪麻省理工、史丹福大學、哈佛大學，以及相關顧問公司，尋找能提供建議的專家。她與這些機構學校，以及其他包括拉丁美洲等地的頂尖機構的實驗室，簽署合作計畫。

到了二〇一七年，B2W數位平台已經涵蓋自家商品及第三方商品的電子商務、存貨管理，以及物流。公司在大多數的存續期間，始終在消耗現金，後來卻能製造現金。塞伊卡里達成了讓公司現金於二〇一九年之前轉正的目標，將執行長的職位交棒給繼任者，自己成為董事長。

不過二〇一七年並不是終點。數位平台、資料的累積、技術能力，以及堅實的財務基礎，是支撐更多創新的力量。舉例來說，B2W推出以平台為基礎的手機數位錢包 Ame，是金融服務或一般服務的一站式應用程式。B2W也與 Lojas

Americanas 簽署協議，消費者可以線上購物，再到實體商店取貨。在過程中，公司也持續精進核心業務，簡化產品類型，捨棄包括線上售票在內的某些業務。

有人工智慧從旁輔助，運用資料做決策的效益更為強大。B2W結合了巨量資料，以及處理巨量資料的進階能力，得以了解消費者行為，服務商品買家，也更了解內部人員。正如塞伊卡里所言：「我們做任何事情都會使用大數據，在每一個領域都會使用，每次決策都會參考。」她也說：「之所以能做到，完全是因為我們的心態非常數位。」

B2W歷經幾十年的努力，克服重重挑戰，市值從二〇〇六年成立之初小小的三十四億巴西雷亞爾（約等於十五億美元），躍升至二〇一九年年底的三百二十九億巴西雷亞爾（約等於八十億美元）。至今仍然遠遠超越二〇一三年初次進軍拉丁美洲市場的亞馬遜，以及在拉丁美洲市場設有實體與線上商店的沃爾瑪。

B2W在數位時代初期，就開始進行數位化，但這家公司對顧客用心，也願意投資現金發展必要的科技能力，這兩項優勢值得每一家企業學習。

企業領導者必須時時創新，將重要的新科技納入數位平台，尤其要與生態系統的夥伴串連。下一章會說明生態系統為何是一種競爭優勢，同時也是能獲利且能製造現金的企業，所不可或缺的一環。

第五章 創造價值的生態系統

規則三：公司不會競爭，公司的生態系統才會。

你擔不擔心自己的公司被數位競爭者超越？擔心的話就要再想清楚：最大的威脅不是個別公司，而是個別公司塑造的生態系統。

在數位時代，企業建立的生態系統或網路，若能運用數位科技造福消費者，開創多元的營收來源，就能擁有競爭優勢。

生態系統當然不是新的概念。很多人都知道，蘋果的手機問世不久就超越其他手機，主要是因為建立了軟體開發者的生態系統。這些軟體開發者開發的 iPhone 應用程式，能滿足每一位消費者的利基與需求。在個人電腦時代，英特爾與微軟結盟，培植了使用英特爾晶片的周邊設備製造商生態系統，並結合各家的技術，確保參與其中的各家企業都能成長。目前微軟使用的生態系統有幾千位夥伴，為企業客戶安裝微軟的產品與服務，也為微軟建立客群，微軟則得以專心開發軟體。

這些數位巨擘的不同之處，在於他們的生態系統不僅是線性的，意思是與本身的供應鏈互相結合，更是急遽成長，且涵蓋很多方面。這些新一代的生態系統，包含各產業的各種夥伴企業。以阿里巴巴為例。大家對阿里巴巴的印象是電子商務巨擘。阿里巴巴擁有形形色色的生態系統夥伴，包括微博（社群媒體）、Lyft（共乘），以及菜鳥網路（物流）。阿里巴巴也推出語音裝置「天貓精靈」，消費者以語音操作，就能在阿里巴巴的天貓網站下單，原理類似亞馬遜的 Alexa。阿里巴巴眼看「天貓精靈」的市場成長趨緩，又推出類似功能的汽車用智慧型音箱「天貓精靈車載智能語音助手」，生態系統也隨之擴張。二〇一九年，阿里巴巴與ＢＭＷ、富豪、奧迪、雷諾，以及本田結盟，於部分車款安裝天貓精靈車載智能語音助手。

想擁有競爭優勢，必須放大你的視野，思考生態系統該如何帶給客戶優質產品與服務，再將夥伴拉入你的平台，共享資料、尖端技術，甚至金融資源，帶動整個生態系統一起成長。有些生態系統夥伴之間有聯合的紅利集點制度，有些則是攜手創新。例如漢威與 Bigfinite 整合彼此在程序自動化與控制（漢威的強項）[1]，以及資料分析、人工智慧，與機器學習（Bigfinite 的強項）的優勢，加快製藥業藥品上市的速度。

共同成長與利益

數位競爭者往往會將南轅北轍的產業結合起來，帶給消費者更好更完整的經驗，或是排除中間機構，藉此降低成本，進而壓低價格。最強大的生態系統，甚至還會更進一步。設計精良的生態系統能形成網絡效應，所有的參與者，包括顧客、夥伴，以及企業本身都能受益，共同創造驚人的營收成長。

二〇一九年四月，亞馬遜執行長傑夫·貝佐斯開始撰寫一年一度的給股東的一封信。這封讓股東引領期盼的信，裡面有一行數字。你可能以為是獲利數字，或是股價，但數字其實代表的是過去二十年來，Amazon Marketplace 的獨立第三方賣家的銷售量，在亞馬遜總銷售量的占比不斷上升。一九九九年的占比僅為百分之三，到了二〇一八年則升至百分之五十八，也就是超過總銷售量的一半。這群第三方賣家，也是帶動亞馬遜的爆炸性成長的生態系統的一部分。

亞馬遜開發一系列精細的庫存管理與付款處理工具，開放第三方賣家使用，也造就了第三方的成功。賣方可使用亞馬遜的物流服務，送貨速度更快，送貨範圍也最廣，還可向 Amazon Lending 申請貸款。商品只要在亞馬遜上架，曝光度就遠高於其他平台。約有百分之五十四的線上消費者，會先在亞馬遜網站搜尋商品，比例高於先在 Google 搜尋的消費者。

亞馬遜的生態系統夥伴逐漸成長，亞馬遜本身也隨之成長。公司的現金不斷增加，累積的資料也大量增加。在以演算法為重的亞馬遜，掌握資料就能給予消費者更精準的推薦，也更能了解如何提升消費者經驗，還能做出更好的管理決策。消費者也從中受惠，享有更多選擇、更優惠的價格，以及更精準的推薦。

亞馬遜能將在自家平台流動的大量資料，轉化為多項營收來源。亞馬遜電子商務網站販賣的品項從書籍，擴大到幾乎包括每一種產品：玩具、寵物用品、電子消費品、旅行用品、衣服、珠寶等等。而且還有 Marketplace 的營收、貸款給第三方賣家的營收，以及針對性極強的行銷所創造的營收。這些斬獲也衍生出全新的產品，包括AWS與Alexa虛擬助理，每一項都發展出各自的生態系統與營收來源。例如《金融時報》就在二〇二〇年二月報導，高盛可能會成為亞馬遜生態系統的一員。《金融時報》的蘿拉．諾南寫道：「高盛已開始研究技術，將於亞馬遜的貸款平台，推出中小企業貸款產品。」[2]

在當今的世界，企業若沒有生態系統協助，幾乎不可能構思出能贏得大批顧客青睞的產品。傳統企業的領導者，必須理解接連出現的生態系統的規模與範圍。雖然生態系統有不少可變動的成員，相當複雜，但傳統企業領導者仍然要重新思考自身的生態系統。生態系統必須著重個別消費者的需求，要有資金，要能儘速賺取現金，而且要能創造多元的營收來源，才能擴展現有的生態系統，或是為新的生態系統奠定基礎。不僅是面對消費者的公司，企業對企業的公司也應遵守此原則。

汽車生態系統面臨的危機

幾十年來，汽車製造商始終認為，他們的生態系統是由獨立的實體組成，而這些實體是以線性的次序出現。後端是零件製造商或供應商，前端則是經銷。領導高層緊盯市占率：福特相對於通用汽車、豐田，以及BMW的市占率。但現在，種種外部力量已經消滅了產業的界線，汽車製造商也開始重新思考該如何競爭，競爭的對象又是誰。

特斯拉創辦人伊隆·馬斯克並沒有發明電動車，但他利用電池技術的進步與環保意識的抬頭，推廣以電動車取代內燃機引擎。特斯拉於二〇〇八年開始銷售電動車，後來幾年又陸續推出新車款，提升了銷售量。特斯拉會受到矚目，不僅是因為馬斯克誇張的個性，也是因為特斯拉又優又潮的電動車不斷累積信徒。

幾家內燃機汽車製造商，包括三菱、寶獅，還有後來的日產、通用等等，紛紛將發展電動車列為首要目標，馬斯克倒也不為所動。他在二〇一四年在部落格發表文章，宣布特斯拉要「響應開放原始碼運動」，將開放自家專利，「以推動電動車技術發展」。誰都能拿到特斯拉的技術。

在此同時，隨著攝影機、感應器、處理能力、遙控感應，以及人工智慧的發展，自動駕駛汽車逐漸成為現實。一九九九年成立於以色列的 Mobileye 公司開發的輔助駕駛技術，發展成相當完備的自動駕駛技術。二〇一七年，英特爾買下 Mobileye。

Google 在二〇〇九年開始研發自動駕駛汽車，後來命名為 Waymo，並從 Google 獨立出來。發展自動駕駛技術的矽谷新創公司 Cruise Automation 也得到通用汽車的青睞，並在二〇一六年由通用汽車收購。

負責自動駕駛車（AV）的駕駛演算法必須經過訓練，也要運用真實汽車在路上所累積的大量資料。當其他公司在匹茲堡、舊金山、上海的某些地區，以及北京的郊區，如火如荼展開自家自動駕駛車的道路測試之際，Waymo 與特斯拉已經累積了多年的資料。在二〇一九年的夏天，UPS已經在亞利桑那州的某些物流路線上，使用 TuSimple 製造的無人駕駛卡車。

但過去十年來，汽車製造商與科技公司受到另一群干擾因素的衝擊：隨叫隨停的運輸新創公司，例如美國的 Uber 與 Lyft，以及中國的滴滴出行。行銷大師泰德·萊維特教授在一九六九年說過一句名言：「沒人想要四分之一英寸寬的鑽頭，大家要的是四分之一英寸寬的洞。」這句話放到現在非常貼切。大家不見得想擁有汽車，只是想從一個地方到另一個地方。隨叫隨停的服務供應商滿足了這種需求，演算平台能將要去某個地方的人，與願意載送他們前往該處的駕駛媒合。這種價格低廉又便利的服務，讓人開始思考還需不需要擁有汽車。

隨叫隨停服務供應商對自動駕駛車感興趣，開始籌畫打造一支能隨時服務的車隊，是由科技駕駛，而不是由需要定期休息的人類駕駛。汽車製造商也有興趣將自家產品轉化為共乘服務，也想使用自動駕駛車技術。科技公司則是思考自家的創新能有哪些用途。

這種勢不可擋的趨勢，促使汽車製造業、隨叫隨停服務業，以及科技業逐漸加入同一個競爭環境。左頁的示意圖顯示出移動生態系統的複雜程度。

汽車製造商、科技公司、共乘業，以及餐飲外送業的生態系統，已經混雜在一起，再也分不開。就連融資公司，例如軟銀的願景基金，也是生態系統的競爭優勢之一，能提供開發新技術所需的資金。軟銀擁有英國半導體製造商 Arm，也持有另一家晶片廠 Nvidia 的股份。

時時變動的複雜生態系統

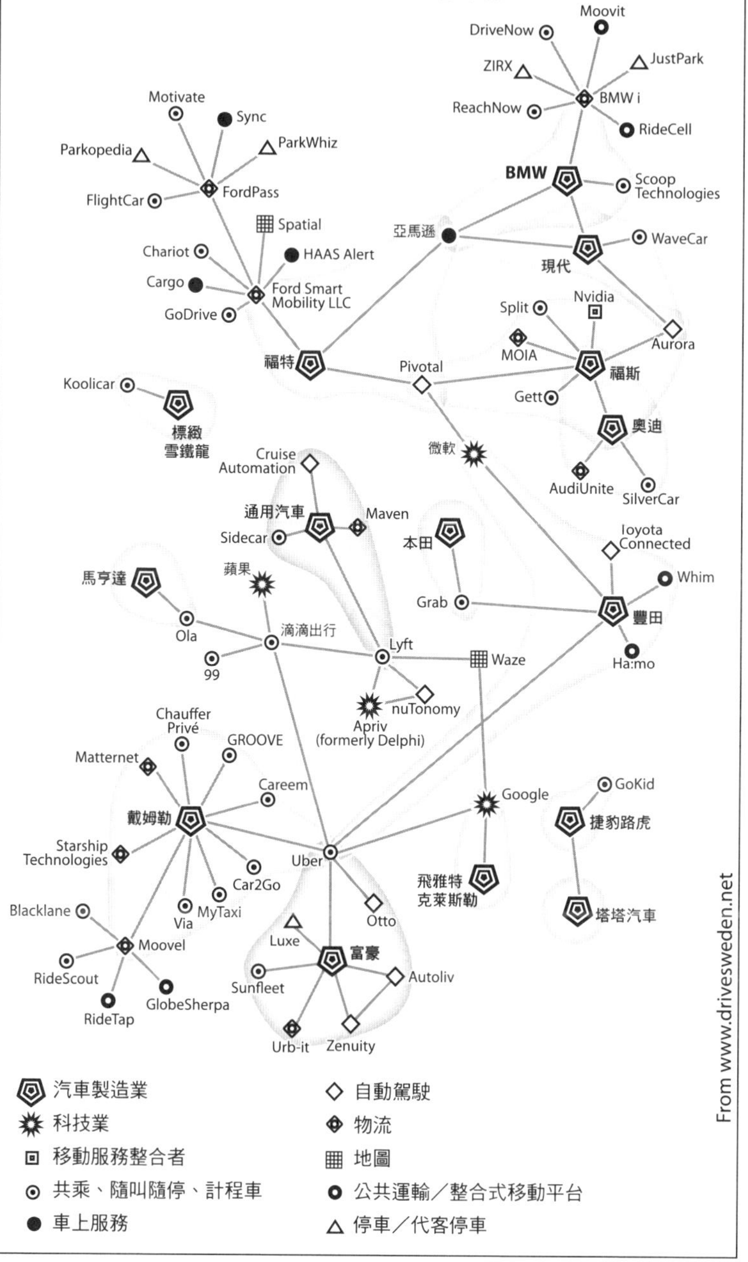

各大汽車公司都必須全面調整自身的生態系統，納入各種產業，以及新型態的關係。依據經驗法則，我相信每一家大企業想要成功，至少需要十家生態系統夥伴。企業現在的決策，會影響自身的「移動生態系統」未來幾年的可行性。汽車製造商很清楚，自家的核心產品的需求長期下滑，要有現金才能與優質夥伴結盟，創造更好的未來。因此這些企業為了籌措現金，不得不賣出資產。通用汽車於二〇一七年賣出旗下兩個歐洲品牌歐寶汽車與佛賀汽車，並於二〇二〇年二月宣布退出澳洲、紐西蘭，以及泰國市場。福特將印度市場的業務轉為與馬亨達集團合資經營。馬亨達集團將持有百分之五十一的股份。每一家汽車製造商都在縮減產品線與裁員。未來的關係、風險與報酬都充滿不確定性，因此這些企業必須很快做出改變命運的決策。

新興移動生態系統

汽車業出現過合夥經營的先例。例如曾有幾家汽車公司共同開發引擎。但長期處於競爭關係的企業之間，要能分享智慧資本與資源，心態就必須徹底改變。

Bloomberg.com 在二〇一八年十二月二十日的一個標題，也呼應這一點：「ＢＭＷ、賓士在新汽車時代握手言和，結為盟友。」

德國的幾家豪華車製造商，幾十年來都是死敵。但這些企業在二〇一五年發現，數位時代追求的是通用與速度。戴姆勒、ＢＭＷ，以及奧迪沒有各自發展地圖系統，而且為了要替其他汽車製造商建立標準，還共同買下諾基亞的地圖事業 Here 的多數股權。到了二〇一八年年底，汽車製造技術變得更精密，更普遍，這幾家公司也願意更進一步合作，例如發展汽車平台、電動車電池，以及自動駕駛技術。

這群德國汽車製造商開始發展自動駕駛，他們現有的生態系統，也開始與一群意想不到的企業競爭，而這些競爭者也在發展自己的生態系統。

在二〇一七年年中，Lyft 以自家的開放原始碼軟體平台為中心，開始建構一個生態系統，並與 Waymo 等自動駕駛技術公司結盟。

滴滴出行是中國版的 Lyft，二〇一六年買下 Uber 在中國的業務之後，在中國共乘市場的市占率達到百分之九十七。滴滴出行先前也在測試中國的觀致汽車所研發的自動駕駛軟體。

還有一個生態系統正在中國形成，是由中國最大的網路公司「百度」主導。百度是以網路搜尋起家，因此又稱中國的 Google。這家科技巨擘想成為人工智慧界的第一把交椅。何不將人工智慧運用在自動駕駛車？

二〇一七年的百度還得努力趕上，但已有計畫。百度推出了結合資料、應用程式，以及軟體程式碼的「阿波羅平台」，開放合作夥伴自由運用，以開發自動駕駛市場的產品。阿波羅平台採用開放系統，Google 發展安卓平台就是採用開放系統。

百度以新平台作為生態系統的核心，解決了起步較晚的一大問題：缺乏資料。百度的生態系統在不到十四個月的時間，吸引了一百家夥伴，包括微軟、英特爾、戴姆勒、中國的北京汽車集團，以及零件供應商。百度將生態系統累積的資料做成資料集，放在阿波羅平台。

滴滴則是以集結三十一家汽車製造商與零件供應商的生態系統，持續與百度廝殺。生態系統的資料，多半來自滴滴在全球各地的共乘汽車。滴滴也與福斯汽車以及北京汽車集團合資經營，共同管理車隊，並開發共乘專用的汽車。

然而，美國的汽車製造商可沒有坐以待斃。通用汽車買下Cruise，將其納入自家的生態系統，但並沒有消滅這家公司，而是當成獨立的單位。接著在二〇一八年十月，通用汽車的生態系統又新增了帶來現金的金主，本田與軟銀兩位新夥伴分別投資二十七億五千萬及二十二億五千萬美元，買下Cruise的股權。

生態系統的成員變動可能極為複雜，且極為迅速。建構及重新建構生態系統，是你的公司的領導階層最主要的任務。

要時時留意你的競爭對手的生態系統，以及你自己的生態系統。這些生態系統包含哪些企業？經過哪些變動與調整？如何提供消費者更好的服務？又有哪些生態系統夥伴遭到剔除？

擴張能力與營收成長的生態系統

生態系統經過適度調整，能創造新的機會與新的商業模式。加州的科技服務公司UST即是如此，因此年營收能突破十億美元，每年營收成長率高達百分之二十四。對這家公司來說，科技的重大變革連帶改變了顧客的需求。為了迎合顧客的新需求，UST的生態系統擁有三種類型的夥伴。

UST從一九九九年創立至今，大多數的時間都在經營資訊科技委外服務。這家公司起初是一家擁有十四名員工的印度商店，以可靠的服務以及業界最強的執行力，贏得客戶的好評，公司也迅速成長。到了二〇一五年，UST的年營收約為七億美元，提供各種科技解決方案，服務大型績優企業客戶，包括全球各地的零售業龍頭、醫療保健企業，以及金融機構。

UST表現強勁，但新型態科技的影響力越來越大。企業迫切需要廠商幫忙設計數位平台，以提升決策的品質與速度，創造更好的顧客與員工經驗。

UST認為不應該僅憑一己之力打造數位平台。領導團隊覺得那樣速度太慢，而且UST這樣的大型企業，敏捷程度也不如新創公司。於是團隊決定建立一個能填補空白的生態系統，解決這個問題。這個生態系統也能創造更創新的經驗，更敏捷的基礎設施，還能帶給客戶具有成本效益的成果導向解決方案。

在二〇一五年左右，團隊開始尋找適合投資的新創公司。這些公司必須具備新的數位與演算專業，以及創新應用，與UST現有的專業互補。團隊找出的十五家小型企業，能協助打造數位平台，強化UST本身在開發的工具與平台。UST有時是買下新創公司的股份，有時則是收購整間新創公司。其中某些新創公司仍然獨立經營，繼續自我行銷，而UST也能向客戶介紹這些公司。

UST除了這些投資與購併之外，也運用公司內部的創新文化與企業家心態，開發出許多後來廣受市場歡迎的數位平台。UST也與麻省理工、史丹福大學、賓州大學等頂尖學術機構合作，提供能解決客戶問題的尖端研究。

這個由平台建構者組成的生態系統，能讓UST滿足客戶不斷變動的需求，同時為新創公司帶來新業績。小型的新創軟體公司也能互相學習，大多數的市值也有所提升。

UST的領導階層集結了一些關鍵的熱門科技，同時還能維持卓越的名聲，也發現自己有機會發揮平台設計的長才，服務財富五百強企業與全球一千強企業。這些企業當中，有幾家已經是UST的客戶，但接觸其他家不僅費時，也很昂貴。

UST的領導階層發現，公司需要另一群已經跟這些大企業有所往來的生態系統夥伴。UST的計畫，是要創造平台，其中百分之八十的設計，能由一個產業或一個部門的多家企業使用。UST的生態系統夥伴是一群軟體公司，擁有互補的產品與服務，又能接觸最大的企業客戶，能提升生態系統每一家企業的營收與市占率。大型企業客戶能得到更完整的產品，UST的生態系統夥伴也能利用UST的名聲，與企業巨擘建立新的關係。參與其中的每一家企業都能成長。到了二〇一九年，生態系統的某些關係開始成熟。

關於生態系統另一個層面的構想也開始浮現。強勢的「大型科技」公司擁有大型企業客戶，而這些數位公司一直都在思考，要研發新的企業數位平台，以服務這些客戶。UST非常了解客戶的領域與營運問題，自然就成為這些數位公司的盟友。如今UST與這些公司合作，提供能滿足客戶需求的數位系統。相較於自行研發這些工具與系統所要耗費的資源，客戶只要付出少許的成本與時間，即可享有UST生態系統的服務。

UST從生態系統的角度思考，不僅能快速擴大自身的能力，也能以最快的速度成長。生態系統不斷更新，持續擴張，納入最新科技與尖端創新。三百多家小型的生態系統夥伴各自累積專業能力與客戶，形成乘數效應，UST就有更多產品與服務能提供給客戶。

想憑藉自身力量競爭的傳統公司，未來會不得不在各方面與像UST這樣的生態系統競爭，例如不斷削價競爭。傳統公司只想單打獨鬥，較難發掘能帶來額外營收的機會，自身的市值通常也會下降。

金主如何打造生態系統與競爭優勢

不斷擴張的新興生態系統，多半是由企業領導者發動，例如亞馬遜的傑夫・貝佐斯、阿里巴巴的馬雲，以及百度的李彥宏。但少數金主將各方串連在一起，是塑造競爭環境的關鍵力量。

二〇一七年，創辦位於東京的大型控股公司「軟銀集團」並擔任董事長的孫正義，主張要提供大筆資金，給處於發展後期有潛力的新創公司，讓這些公司更快成為所謂的獨角獸（市值達到十億美金）。他曾有類似經驗，最著名的一次，是投資阿里巴巴兩千萬美元。阿里巴巴後來在二〇一四年上市，兩千萬美元的持股，價值頓時突破五十億美元。孫正義創立軟銀願景基金，從沙烏地阿拉伯主權財富基金及避險基金，募得高達一千億美元的資金。

願景基金規模巨大，也引起外界質疑這麼多錢能否有效及如何配置。後來證明這不是問題。到了二〇一九年，願景基金已將一千億美元的資金，全數投資多家企業，包括 Uber、安謀控股、WeWork、Flipkart，以及 GM Cruise，孫正義也表示要募集新一輪的投資資金（他投資 WeWork 倒是在二〇一九年慘賠，不僅顏面盡失，也讓外界質疑新的基金是否可行）。

但孫正義並不只是一位手握大筆資金的被動投資人。他更是大型生態系統的創建者。他投資一家公司，是想要影響這家公司，將其與類似的公司連結，有時還會將這家公司與另一家合併。他為了追求願景，會改變其他公司的競爭優勢。

軟銀在移動領域採取的行動，證明了軟銀具有宏大的遠見，知道哪些企業該如何結合，以更快的速度，創造更大的價值。

要往前進，需要眾多系統與技術平台無縫結合，利用最新的科技發展，滿足消費者的各種偏好，以及處理大量資料，以提升例如自動駕駛之類的結果。孫正義似乎在串連各企業，組成能滿足這些需求的大規模移動生態系統。路透社於二〇一九年四月報導，軟銀「斥資六百億美元，投資超過四十家企業，意在成為三兆美元的全球汽車業的領導者」[3]。

二〇一四年，軟銀與阿里巴巴買進中國一家隨叫隨停服務公司，也就是現在的滴滴出行的股份。軟銀也買進 Uber、Ola（Uber 的拉丁美洲版本），以及 Grab（Uber 的新加坡版本）的股份。軟銀的合作夥伴包括汽車公司豐田、本田及通用汽車，另外也投資 GM Cruise 二十五億美元，本田也投資 GM Cruise 二十七億五千萬美元。這項投資展現出軟銀更大的雄心。

這些投資的目的，並不是要企業各自獨立，而是要互助合作。軟銀與豐田的合資企業 Monet Technologies（Monet 是移動網路的簡稱）將豐田的連網車數位平台，與軟銀的物聯網（IoT）平台互相結合。豐田便可享有更多資料來源，以提升派遣物流服務等項目。

企業之間的標準化、協調，以及分享，能加速關鍵技術的發展與部署。各式各樣的企業攜手合作，能依據企業與個人需求，打造各種客製化的解決方案，也能以更敏捷的方式，回應各國或各州（例如加州）政府的法令規範。無論孫正義成功與否（他的執行欠佳），他都已影響、甚至決定了這些產業的競爭模式，以及生態系統的面貌。

蘋果公司的新興醫療生態系統

大家知道蘋果公司以 iPod 為中心，建立音樂製作者的生態系統，又以 iPhone 為中心，建立應用程式開發者的生態系統。所以也許你認為，蘋果也會建造以 Apple Watch 為中心的生態系統。但你可能不知道，這個生態系統會有多大，蘋果打造這個生態系統的決心又有多大。

蘋果正在以 Apple Watch 為中心，打造自家規模最大，最為複雜的生態系統[4]，運用的策略是過往的拿手本領：以消費者為重，保護消費者隱私，思考如何賺錢並提供誘因，以及結合軟硬體。蘋果的生態系統的核心思想，是將所有來源的資訊，包括顧客或病患的資訊，納入蘋果的機器學習引擎，處理之後再回饋給相關的資料提供者，以改善醫療的品質與成本。

廣義的醫療是一個龐大的市場，約占美國GDP百分之二十，或十三兆美元，每年成長率約為百分之六。醫療市場包括各類的業者，從醫師與醫院，到保險公司、醫學研究機構，以及醫療器材製造商。有些業者規模很大，有些則較小。有些的數位能力比其他業者先進。這些業者的商業模式差異甚大，必須遵守的法令也大不相同。

病患最大的不滿，同時也是病患所面臨的最大危機，是各實體之間的資訊不連接。資料是分散的，系統互不相容。這種不連接的狀況，引發許多浪費與額外成本，給了詐騙得逞的空間。更糟的是溝通不良會導致過度治療，以及診斷錯誤或延誤，會直接影響病患的健康。

蘋果解決問題的方法，是打造生態系統，著重客製化的全程醫療，一次徹底解決資訊不連接的問題，創造單一正確資訊的來源。沒錯，是很有抱負，但正如蘋果執行長提姆．庫克對CNBC頻道《瘋狂金錢》主持人吉姆．克蘭默所言：「你展望遙遠的未來，再往回看，思考『蘋果對人類最大的貢獻是什麼？』答案是健康。」

蘋果向來重視消費者，精通軟硬體整合，又有建立生態系統的經驗，會涉足醫療領域也在情理之中。蘋果也長期重視保護消費者隱私，保護病患資訊的能力也會受到信賴。而且蘋果在全球各地有應用程式開發者大軍，還有九億使用者（在機場與豪華轎車總是不難找到 iPhone 充電器）。

蘋果醫療生態系統的概念，完全是以個別消費者為重心。一切都是圍繞著個別消費者。個人始終能控制自己的健康資料。蘋果將健康紀錄以單一格式，整合在一個地方。資料在病患與照顧者之間流通，蘋果也提供必要的保護機制。蘋果也會將資料聚集加密，用於醫療研究。

將資料標準化，僅僅在資料保存方面，就能減少許多浪費，而且與演算法結合，還能偵測不實收費。醫療院所與健康中心提供的資料，可由其他單位運用，所以病患更換醫師或醫院，醫療紀錄也不會遺失，醫師也更能了解病患完整的病歷。

研究人員有更多資料可參考，能用無數方法分析，以供測試之用，還能篩選藥物測試的合適人選。藥品與醫療器材的研發也能更快更好（安進已經將開發週期縮短五年，可見大幅度改善是有可能做到的）。

這些資料也將規範帶入二十一世紀，更能證明藥品或療法的效力。

亞馬遜與 Alphabet 等數位巨擘，以及製造電子消費品的三星及 Garmin，也打算進軍醫療市場。蘋果公司以消費者為重的醫療生態系統究竟會成為業界標準，還是會與其他業者結盟，仍然有待觀察。但誰也不能說蘋果太樂觀，或是太未來主義。蘋果已經開始建造龐大的醫療生態系統。

在二〇一三與二〇一四年，蘋果大量聘用具有醫療器材、感應技術、健身運動專業的人才。蘋果的特別計畫集團也吸收了二十三歲的迪薇雅・納格[5]。她先前從史丹福大學休學，與其他人共同創辦了 Stem Cell Theranostics。她後來形容，在蘋果的工作是「突破界線，想像醫療的未來面貌，也思考蘋果能扮演的角色。」

蘋果在二〇一四年六月推出 iPhone 的新功能「Health」。Health 能蒐集基本的健康與體適能資訊，例如一個人那天走了多少步。後來又推出軟體平台 HealthKit，能多方蒐集資料，讓資料得以相容。獨立開發者也能運用資料建立應用程式。

蘋果接下來又推出 ResearchKit，是另一套應用程式開發工具，可用於醫學研究。二〇一六年，基因檢測公司 23andMe 與 ResearchKit 進行資料整合，研究人員又多了基因資料可運用。

個人的健康資料多半來自照顧者與實驗室，但也會透過所謂的穿戴式裝置即時取得。這就是 Apple Watch 在生態系統扮演的重要角色。Apple Watch 能直接從人體產生資料。個人可從資料得知自己的健康狀況，也能允許資料直接輸入演算法，由演算法立即處理。二〇一八年十二月，美國食品藥品監督管理局核准 Apple Watch 的兩個使用演算法的功能選項。一個能偵測不規則的心律，另一個則是將 Series 4 Watch 的電感應器，與心電圖應用程式及演算法結合。兩個功能選項，都能發送心房震顫或其他心臟問題的預警。

比起應用程式，以及實體裝置與軟體之間的連接性，更令人驚訝的是蘋果以越來越快的速度，與保險公司、研究機構，以及實驗室結盟。蘋果與超過六間頂尖研究機構合作，包括史丹福大學醫學院，以及紐約大學朗格尼醫學中心，共同進行睡眠呼吸中止、震盪、憂鬱症，以及自閉症相關研究。神經學教授格雷格・諾斯與奈森・克隆是約翰霍普金斯大學的研究人員。他們就是使用 Apple Watch 記錄癲癇發作的研究資料。

蘋果與醫療保險公司 Aetna 及 UnitedHealth 結盟。這兩家保險公司推出使用 Apple Watch 的保單，鼓勵保戶達成健康目標。另外根據許多報導，蘋果也在與 Medicare 洽談類似的保單。

擁有美國醫院病床總數的百分之十四的大約二十五個美國大型醫院系統，以及其他數百家醫療服務機構與實驗室，全都連結蘋果的電子醫療紀錄系統。蘋果在二〇一八年開設僅限員工使用的診所 AC Wellness Clinic，想必也會研究如何將消費者資料，用於更好的用途。

健全的生態系統總能創造良性循環，蘋果的生態系統也不例外。研究人員能得到更詳細的資料，供應商能即時獲得病患症狀及配合治療的相關資訊，消費者也更能控制眾多來源的資訊。整個過程的科層體制有所減少，成本與風險也因而降低。每一位參與者都能學到東西，刺激醫療的創新與改善。蘋果提升了資料的蒐集與應用，也能運用資料改良自家的軟體與裝置。新創公司開發適合個人生命週期不同階段的解決方案，蘋果也能將其納入自家的生態系統。

蘋果的競爭者，以及連鎖醫院、實驗室、製藥公司，應以宏觀的角度，思考正在成形的醫療生態系統，決定是要加入，或是加入另一個生態系統，還是有膽量開創自己的生態系統。有些已經開始進行。包括波士頓的布萊根婦女醫院，以及梅奧醫院在內的醫院，已經開始與ＩＢＭ、微軟，以及亞馬遜共享可識別的病患資料。

管理生態系統

管理生態系統需要一套具體的領導能力。很少企業擁有具備這種資歷的人才。人力資源機構也很難找到合適的人選。企業管理高層找到的人才，必須要有能力設計衡量工具，能解決智慧財產共享的相關問題，還要能協商合約與解約條款。總之就是要與不同文化、不同動機的人建立關係。我認為生態系統的管理者，應該直屬執行長指揮，而且必須建立一個團隊，也就是一整個部門，以管理生態系統。

生態系統並不會永遠存在。世界前進的速度極快，科技的變動越來越快，消費者的期待持續改變，因此找到新夥伴與脫離舊夥伴，是企業要面對的例行公事。維繫現有的夥伴關係也很重要，因為成功的生態系統夥伴，很有可能會有其他企業與生態系統招募。隨著獲利來源改變，保持生態系統的資料及賺錢的平衡，是企業必須持續克服的挑戰。

但最重要的挑戰，是通盤規畫生態系統，思考生態系統如何能帶給消費者良好的經驗，夥伴能如何提升彼此的能力，成功又該如何衡量，如何共享。

不是每個人都有設計大型商業平台的認知能力。也不是每個人都有籌畫遠大夢想的想像力，或是將其他公司拉入生態系統的信心。

有一種有用的能力，就是對於演算法的知識，並不是非要科技奇才不可。阿里巴巴的創辦人馬雲就不是科技奇才。你也可以從簡單的生態系統開始，好比亞馬遜一開始只在網路上賣書。

你用心學習演算法，就會了解如何運用演算法，解決先前的問題，例如生產極大量的客製化產品。企業領導者擁有數位科技的實用基本知識，就能提升想像力，擴展視野，同時也能增強勇氣與決心，這些都是在數位時代建構強大的生態系統，所不可或缺的條件。

現在你已經熟悉了在數位時代創造競爭優勢的幾項基本條件。企業向來也必須為股東創造價值，否則企業各階層的人員，都必須承受每況愈下的後果。下一章要介紹數位公司如何創造新的賺錢模式，不僅能強化公司成長，也能帶給顧客與股東更好的服務。

第六章 數位公司如何賺錢

規則四：賺錢的目的是創造大量現金，不是追求每股獲利，也要遵守報酬遞增的新法則。金主明白這兩者的差異。

天生數位的公司，在經營初期要快速追求客戶、營收成長、內容，以及接觸率，會燒掉大把現金。這些公司的每股獲利，也就是股市最喜歡的獲利指標，也許一連幾年、甚至幾十年都是零或很低的負數。但這些公司似乎不缺資金，因為有些投資人知道數位公司的領導者所知道的事：在數位時代，賺錢是不一樣的。賺錢的條件，例如營收、現金、毛利、成本結構，以及融資，當然還是和以前一樣。但這些條件的重要性、模式、時機，以及彼此之間的關係，已經不同於以往。運用這些差異，**同時**為消費者與股東創造價值，是一種新的商業能力，也是一種競爭優勢。

亞馬遜剛開始在網路上賣書的時候，現金需求相對較小，因為顧客會立即付款買書，亞馬遜則是幾個月後才付款給出版社。後來亞馬遜必須擴大規模，以便掌握近在咫尺的大量額外零售機會，現金需求也因此暴增。

對於許多數位公司，尤其是正在打造雙邊平台的數位公司而言，在經營初期就需要大量現金。例如 Airbnb 與 Uber 這些雙邊企業，在需求面與供給面都必須擁有大量使用者，需要乘客也需要司機，才能為消費者創造價值。

現在的數位巨擘之所以存在，是因為金主願意長期投資大筆資金，有時候也與其他金主合作，提供更多的資源。日本的軟銀於二〇一六年推出一千億美元的願景基金，資助新創公司大規模成長。當時就有人質疑，軟銀執行長孫正義光是要募集那麼多資金就已經不容易，遑論找到那麼多投資機會。但孫正義終究成功了，從沙烏地阿拉伯的主權財富基金、阿布達比的 Mubadala Investment Co.，以及其他金主募得數十億美元。軟銀本身也投資兩百八十億美元。

願景基金投資了八十八家數位公司，目標是提供新創公司快速成長所需的資金，再安排這些公司上市，從快速成長所創造的價值獲利。我在先前的章節提到，軟銀在推出願景基金之前，曾投資阿里巴巴，獲利高達數十億美元。而願景基金將Flipkart的持股賣給沃爾瑪，獲利也高達百分之六十。但在二〇一九年，市場轉為排斥大量燒錢的公司的首次公開發行。例如Uber在首次公開發行後，股價崩跌到大約只有上市價格的三分之二，願景基金的持股價值也大幅縮水。Slack的股價也在首次公開發行的幾個月後大跌。WeWork必須延後首次公開發行，還得仰賴軟銀挹注九十五億美元，才能免於破產。

雖然市場估價回歸現實，而且不是每一項投資都能大幅獲利，有潛力的數位公司仍能持續吸引資金。老虎基金、騰訊、紅杉資本等金主持續尋找需要現金，也有能力擴張的公司。

每一家公司都應該明白，數位科技是如何改變賺錢的基礎，也該知道有些企業之所以輕易得到資金，正是因為他們的賺錢模式能利用這些差異。舉例來說，數位公司採取降價策略，**並且**提供客製化的經驗，就能成功。這些公司競相爭取下一個能擴大優勢的機會，投資公司也願意資助這些公司。某些新創公司、甚至數位巨擘有大量資金挹注，其發展速度是無人資助的競爭者所無法超越的。強大的數位賺錢模式與大筆資金挹注的組合，是很難打敗的。企業沒有慷慨的金主，就沒有競爭優勢，非常輕易就被可以永遠改變競爭秩序的企業取代。

現金毛利

在亞馬遜的發展初期，外界先是質疑投資人願意花多久的時間等待公司獲利，後來又納悶亞馬遜的股價為何被高估得如此嚴重。一批批出手放空的投資人屢屢強調，亞馬遜的股東即將大舉拋售持股。我記得我在二〇一三年，跟一家大企業的執行長對談。他談起亞馬遜前一年的獲利為負數，向我斷言：「雞都要回家歇息了。」但傑夫·貝佐斯仍然按照最初的模式繼續經營，極為重視持續改善顧客的經驗，以數位平台為重心，使用不斷擴張的生態系統，建立顧客基礎。

貝佐斯精明的商業頭腦，展現在不注重華爾街最喜歡的績效指標「每股獲利」，而是重視營收成長與現金毛利。亞馬遜其實累積了大量現金。

在數位時代，企業能以更低的價格，提供消費者更好的商品與服務，因為數位平台能逐步降低提供額外單位的成本。Netflix的新訂戶收看公司製作完成的影集的成本，或是亞馬遜開放第三方在亞馬遜架設好的電子商務網站販賣商品的成本，都趨近於零。

每一個額外單位的成本下降，顧客都能受惠，企業就更能留住舊顧客，吸引新顧客。營收會成長，另一個比較不明顯的東西也會成長：毛利。

毛利就是營收減掉這些商品的直接成本，多半以百分比表示。例如在二〇〇二年，亞馬遜首度發布獲利的那一年，毛利為百分之二十五。亞馬遜在二〇一八年的毛利為百分之四十。

現在看看這些數字代表多少現金。二〇〇二年，亞馬遜的營收為三十九億三千萬美元，百分之二十五就是九億八千三百萬美元。到了二〇一八年，營收暴增至兩千三百二十億美元，百分之四十就是驚人的九百三十億。這是能用於成長或派發股利的現金。

我在第四章概略介紹過的**報酬遞增法則**的威力，在亞馬遜的例子完全展現。數位公司的營收成長，毛利率也隨之上升，現金毛利也會遽增。公司等於變成一台現金製造機。S型曲線急遽上升，如下圖所示。

天生數位的公司的毛利，通常高於傳統公司。亞馬遜二〇一八年的毛利率為百分之四十，沃爾瑪的毛利率則是約為百分之二十五。Netflix儘管獲利為負數，毛利率仍然不差。

高毛利是數位公司的特色之一，但精明的領導者能管理毛利，將優勢擴大。

毛利就像公司賺錢模式的磁振造影（MRI），凸顯出公司的定價、直接成本、重複使用、折扣，以及服務、顧客、生態系統夥伴的組合是否健全。傑夫・貝

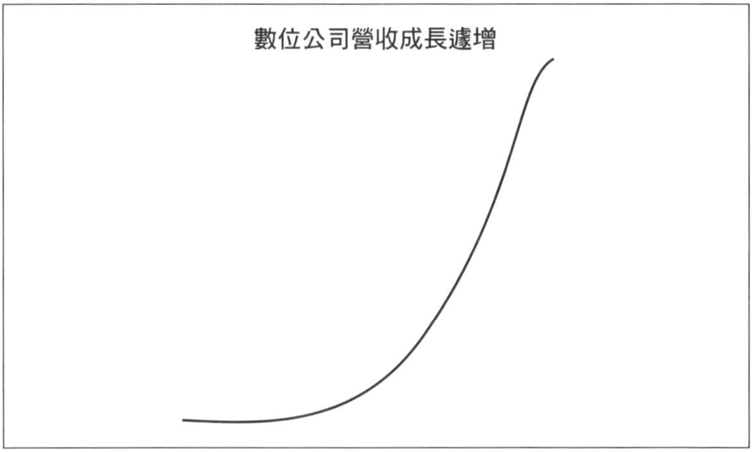

佐斯說過很多次，他時時留意現金毛利。史提夫．賈伯斯也一樣。蘋果的毛利率約為百分之三十九，是世上所有電腦與手機製造商當中最高的。天生數位公司的領導者知道，一旦達成理想的毛利，倘若能擴大規模，就能收穫巨大的報酬。

領導者會想，有沒有很多顧客願意支付這個價格，讓公司達成理想的毛利？如果不會，那我們該如何提高營收，開展新服務，改變我們提供的產品與服務，或是投資更多現金拉高營收，才能提升毛利？Uber 的毛利率是百分之五十。如果能提高到百分之六十，就能運用額外的現金毛利，吸引新司機，留住現有司機，公司就能成功。倘若毛利率下降，公司就會衰退。但在競爭激烈的市場環境，要將毛利率拉高至百分之六十，需要創新與降低成本。

現金毛利分析其實不是數字遊戲，而是使用資料與分析工具，了解能製造現金毛利的因素，也許還能做一些改變現金毛利的決策。我們應該製作哪些電影給哪些訂戶看，又該以什麼樣的成本製作？Netflix 執行長李德．黑斯汀握有資料與演算法，能幫助他的團隊回答這個問題，但決策者也會憑藉直覺，判斷哪些因素需要改變。我們接下來該進入哪個產業？傑夫．貝佐斯可以進行群眾外包，再分析答案，就像他一開始踏入圖書市場那樣，但他的決策有一部分也是仰賴直覺。

現金的使用

數位巨擘的商業頭腦，也展現在格外留意現金的用途，包括投資到哪裡，投資多少，以及投資的速度有多快。這些公司願意花費的現金，可能占營收與現金毛利極高比例。這些公司即使能製造很多現金，往往還是會尋求外部金援。

華爾街繼續將每股獲利，視為衡量公司價值的首要指標，數位巨擘卻不讓每股獲利的起伏，影響投注資金追求成長的決心。追求大幅成長，是大多數數位公司領導者根深柢固的思想，好比追求每股獲利逐步上升，是傳統公司領導者最重視的目標。

在數位世界，投資不足或太遲投資，都會導致競爭力流失。許多傳統公司陷入這種困境。他們花錢打造新的S型曲線，卻落入流動性困境，需要核心事業創造的現金，所以不能不顧核心事業。很多公司面臨銷售量、營收及現金毛利下降的窘境，因為公司或是整體產業面臨價格壓力。為了保住競爭力，這些公司不得不削價競爭，或是購併競爭對手，以彌補縮小的利潤。管理階層是基於好意要打造未來，但拿到現金的通常是核心事業。

因此，大膽的現金配置變得極具爭議，也深深影響公司的未來。公司要如何維持核心事業，**同時**發展數位事業？企業高層討論這些話題，難免流露恐懼與挫折。我參與過很多類似的討論。一家企業核心事業的領導者激動與憂懼交加，說道：「現金都是我的單位賺來的，你們要拿去賭，能不能賭贏不知道，燒錢倒是會越來越快。問題是我需要這些現金，營收才不會下滑。這樣搞到後來會兩頭落空。」

有些企業管理流動性陷阱的方法，是成立一家獨立的公司，由外部金主注資。有些企業則是完全退出核心事業，將退場換來的現金，用來投資全新的事業。

世界第三大汽車製造供應商 Delphi，就在二〇一七年分裂成兩家公司，全力追求科技發展，也允許兩家公司在使用現金，以及吸引資金的能力方面出現差異。Delphi Technologies 專注研發動力裝置，Aptiv 則是以研發自動駕駛技術為主。Delphi 高級副總裁兼科技長葛連·德沃斯在當時表示：「突然間變成有兩種投資人。一種專注在動力裝置投資上，我們發現這些投資人跟比較重視科技的投資人分成兩派。我們現在的情況很好，兩個事業都很健全，前景也都很好。但這兩個事業遲早會有衝突，問題會出在資源使用、資本投資之類的事情上面。」[1]

天生數位公司的現金生產一旦開始轉正，就能運用這些現金，展開下一輪對消費者有益的創新，或是打造全新的S型曲線，開創另一個極大的市場。這種將現金運用在新事業，賺取更多現金的模式，在Google、阿里巴巴、亞馬遜、Adobe，以及B2W等企業展露無遺。管理階層若能以顧客為重，創新與執行又有紀律，公司就會成為永續循環的現金製造機。

亞馬遜每次跨足消費者生活經驗的其他層面，或是跨入新領域，都會花費現金。亞馬遜的模式是投入資金進行多項試驗，其中一項、或不只一項會大規模進行。持續展現潛力的項目，會獲得額外投資。雖然也有失敗的例子，貝佐斯也坦然承認，但成功的案例創造的大量現金，足以支持更多的試驗，還有機會賺取額外的豐厚報酬。亞馬遜生產的現金持續增加，從二〇一七年大約六百億美元的現金毛利，到二〇二一年預估的一千六百億美元，足以用來發展自家的晶片製造部門，或是量子電腦，或是其他昂貴的計畫。

數位巨擘雖然積極追求成長，卻也很快退出無法獲利的業務，將現金轉而配置在更有潛力的領域。快速調整是這些企業的第二本能。這些企業極為重視消費者，也積極在早期測試新構想，因此不會將資源浪費在顧客不會購買的東西上面。換個比較正面的說法，這些企業是把錢花在顧客在乎的事情，運用資料進行試驗、測試、分析，再決定如何下注。

數位公司的資本支出是營運支出

對於經營初期的數位公司而言，成本的意義是不同的。這些企業花錢行銷、促銷，以取得顧客，花錢聘請軟體工程師，建構並維護數位平台，也花錢蒐集資料，開發生態系統。天生數位的公司與傳統公司在兩個領域有很大的差異：營業費用及一般與行政成本。

大多數的公司都有某種資本支出，也有行之有年的可靠程序，能評估這些資本支出。諸如IRR（內部報酬率）及ROI（投資報酬率）都是常用的評估指標，從投入金額與報酬的角度分析，決定贊成或反對長期投資案。

對於數位公司來說，資本支出看起來像營運支出。營運的基礎多半不是需要資本支出的硬資產，例如建築物或生產設備。打造未來的成本，包括付給軟體開發者及其他科技專家的薪酬、外部軟體與服務的使用費，以及建立規模所需的行銷成本。這些花費會立刻列為損益表上的營業費用（OPEX）。這些營業成本依據一般公認的會計原則列入財務報表，會減少當前收益，每股獲利（EPS）也會下降。但營業費用是可以抵稅的，所以公司可以少繳稅，現金也會增加。

負的每股獲利會把某些商業人士嚇跑，但數位公司的領導者，並不會讓負的每股獲利澆熄追求成長的欲望。亞馬遜歷經幾年的穩定獲利成長，在二〇一九年大膽宣示，高速成長的階段還沒結束。《紐約時報》的標題一針見血：「亞馬遜花錢買成長，導致獲利下降」[2]。亞馬遜正在加快腳步，要使用自家的物流服務。鄰近機場的分揀中心、配送設施，以及轉運中心需要錢才能打造，需要的金額高達現金毛利的一半以上。貝佐斯願意花這麼多錢，帶給顧客更快的運送服務。若是將亞馬遜的成長率，壓低到相當於一般的零售商，亞馬遜的營業費用就會下降，每股獲利會非常漂亮。

這些數位公司願意花大錢，並不代表願意浪費資源。在打造數位平台，建立規模所需的幾個月與幾年當中，縮減成本也許不是最重要的事，但數位公司若是沒有運用科技節省開支，即使成功也不會長久。亞馬遜在控制成本，以及盡量減少科層體制方面極有紀律。亞馬遜除了從數位平台與亞馬遜網路服務（AWS）收穫高額營收，還會使用演算法與機器人自動化，因此一般與行政成本僅占營收不到百分之二。

亞馬遜一般與行政成本的低占比，對某些人來說是很好用的指標，但每家企業的賺錢模式的具體數字與模式各有不同。亞馬遜跨足實體店面，究竟會不會影響一般與行政成本，拉高線上市占率又會不會擊垮沃爾瑪，仍然有待觀察。

Uber 面臨激烈競爭，非常依賴人力，所以把不少營收花在兩方面：銷售與行銷（百分之二十八）以及研發（百分之十八）。Uber 近年來競爭力提升，成長速度加快，因此這兩個比例也有所下降。營收在二〇一六至二〇一七年成長一倍，從二〇一七至二〇一八年成長百分之四十二。一般與行政成本在二〇一六年占營收百分之二十六，到了二〇一八年降至百分之十三。

正在經歷數位轉型的公司，必須徹底重新調整成本結構。大多數的成本必須進行演算分析，以釐清模式，找出異常之處。資料運用增加，應可帶動生產力日益成長，公司的現金毛利就會提高，消費者也能享有更低的價格。在金融業，百分之五十二的成本率（總支出除以營收）算是很理想。但我熟悉的一家銀行的執行長，在銀行即將數位化之際對團隊說，成本率必須降至百分之三十五。他所用的基準，是新興的金融科技領域。他的言下之意，是用以前的方法做事情，是無法達到目標的。他們不能躲在政府法令後面，而是要積極思考如何運用資料分析工具，避免浪費，提升決策品質。就我在世界各地工作的經驗，我發現有些企業將降低成本的目標設定在百分之三十或五十。

數位巨擘的支出也較低，因為組織層級較少，科層體制也較少。富達財富管理在數位轉型之後，將員工畫分為僅僅三道組織層級，提升決策與速度的同時，也不會影響權責畫分（見第七章）。

營收與成長的軌道

相較於傳統公司，數位公司更能憑藉與現有顧客的關係，創造源源不絕的**經常性營收**。數位的連結更能維持顧客的參與度，也能產生更多有用的資料。資料產生後，再以演算法探究某些行為的原因，例如顧客變節的原因，再測試各種能提升顧客經驗的方法。

這些作法能降低變動率（流失的顧客與新顧客的比例），進而降低成本。Netflix 用了三年開發一種演算法，分析內容與一去不復返的顧客的屬性之間的相關性，藉此降低變動率。

Netflix、Adobe，以及亞馬遜所依循的訂閱制，能創造更容易預期，且持續不斷的經常性營收。對於提供訂閱制的公司來說，訂閱就像年金，還能降低週期性。顧客能享有便利，也能省錢。對於 Adobe 的顧客而言，只要訂閱就能使用軟體，不必一下子拿出一大筆錢。

但是訂閱營收能否穩定，仍然取決於顧客經驗。Netflix 可以善用資料與演算法，但若無法將資料轉化為顧客真正想要的東西，並提供吸引人的價格，顧客還是會投向另一家串流服務的懷抱。

企業帶給現有顧客新的經驗，即可創造**新的營收來源**，取得這些顧客的成本則是零。重新整編產品，也許就能創造新的營收。

企業能否長期生存，最終還是取決於能否將現金支出（會壓低每股獲利），轉化為未來的有效營收成長。在當今的世界，這代表公司必須開創**全新的現金生產軌道**，而不是僅僅擴張現有的現金生產軌道。消費者的習性與期待的保存期限極為短暫，競爭優勢的存續時間也隨之縮短。

在數位巨擘的眼中，營收成長並不是一條軌道，而是一系列的S型曲線，每一條都是他們試驗、測試好構想的結果。推出的產品若是符合市場需求，大受歡迎，獲取的資金便可用於發展許多其他的軌道。蘋果的 iPad、iTunes，以及 iPhone 並不是一齊出現，而是將一項產品大賣的資金，用來開發下一項。大規模的成功就能製造大規模的資源，再投入開發新產品。亞馬遜在電子商務有所斬獲，獲得的資金就能用來進行許多試驗，其中有些是著名的失敗經歷，但也有一些成為超級吸金機器。

亞馬遜以規模龐大、獲利極高的雲端服務事業AWS，創造出全新的S型曲線。亞馬遜有基礎技術可用，但需要幾年的時間，才能了解顧客想如何運用基礎技術，以及如何將基礎技術運用在許多不同的情況。亞馬遜無論是先前的Kindle，或是後來的Alexa，都花了超過七年研發。

賺錢的模式

賺錢模式能顯示出賺錢的各種因素是如何共同運作。我使用**賺錢模式**一詞，而不是**商業模式**，因為商業模式的定義有很多種解讀，而有些解讀過於複雜。「賺錢」一詞則是簡單又具體。營收成長、毛利，以及現金之間，到底是怎樣的關係？

Uber決定迅速跨足許多新城市，讓全球各地需要交通工具的社會大眾，熟悉這個品牌。Uber也搶先同業一步，與企業結盟並蒐集資料，承受鉅額損失也在所不惜。

提供隨叫隨停服務的直接成本，包括司機成本、取得顧客的成本，也許還有直接人工成本。Uber也花費高額的一般及行政成本，可能包括公關與遵守法規的工作，以及研發自動駕駛汽車的工作。

Uber在二〇一九年的營收是一百四十億美元。毛利率約為百分之五十，幾年來差不多都維持在這個水準。銷售成本與行銷成本占營收的百分之三十二，一般與行政成本占百分之二十二，研發占百分之三十四。假設現金配置維持不變，Uber會需要大量現金，才能取得新顧客、新司機，新地點的新營業據點，也才能提供財務誘因，募集並留住具有創新能力的技術人才。按照Uber的預測，每年的營收成長率若有百分之三十八，五年後營收可望達到七百億美元。

想想此等營收成長的來源可能有哪些：每位顧客的旅次增加、新顧客，以及更好的物流與Uber Eats之類的服務，所帶動的使用量增加。Uber每月約有一億一千一百萬名活躍平台用戶，一年的總旅次為七十億。每位顧客一個月的平均旅次為五．七。該如何才能增加旅次，旅次增加又會如何拉高毛利、獲利能力，以及現金？

Uber的賺錢模式是可行的。但乘客在某些地方，也能選擇Lyft、滴滴出行，或是另一家共乘公司，所以留住顧客的成本也會變高。司機成本也有可能升高。

Uber 在提高營收的同時，若是無法維持現金毛利，賺錢模式就無法持續。Uber 受到新冠疫情造成的封鎖影響，在二〇二〇年四月收回該年度的財測，表示會認列二十億美元的減值。

賺錢模式總是很容易受到改變的影響。最重視的當然應該是消費者，但外部因素也很重要。要維持優勢，不僅要時時保持警戒，也要願意改變。正如先前提到的，哪怕是財富前五百強企業，若是缺乏應變能力，也還是會消失。

傳統公司的領導者也許決意要改變他們的企業，董事會可能也認同。但傳統公司的心理可能會作祟。這麼做能否保證會成功？公司怎麼能拿這麼多錢出來冒險？每股獲利下降，要怎麼跟華爾街解釋？

數位化能降低長期成本，減少資金需求。但要順利實現數位化，可能必須瘋狂地重視顧客，還要有全新的賺錢模式，以資料與數位平台為基礎，創造更高的營收成長、毛利，以及現金。核心事業的S型曲線下降，代表必須儘速採取行動。運動頻道ESPN的衰退，似乎引發迪士尼執行長包柏・艾格採取行動。

資金與金主

二〇一九年十月底，影音串流大戰戰況激烈。迪士尼牢牢控制 Hulu，也即將推出自家的 Disney+ 串流服務。蘋果首度推出 AppleTV+ 串流服務。華納媒體也宣布旗下的 HBO Max 串流服務，將於二〇二〇年五月上線。NBCUniversal 也預告將推出 Peacock 串流服務。在此同時，Netflix 執行長李德・黑斯汀重申投資內容的決心，儘管電視公司與製片公司向 Netflix 收取更高的授權費。

分析師繼續推測消費者未來的走向，Netflix 失去授權內容的損失會有多大，以及誰能製作出最好的內容，又有最深的口袋能推動未來的計畫。

二〇一九年，Netflix 在訂戶人數、內容廣度，以及顧客互動強度遙遙領先對手。但 Netflix 為了取得全球的顧客，已經燒掉大量現金，而且還提高製作新內容的支出，從二〇一八年的一百三十億美元，到二〇一九年預估的一百七十億美元。Netflix 大肆撒錢，在阿布奎基、薩里、多倫多，以及紐約等地取得製片廠。

二〇一九年七月，Netflix 表示二〇一九年的自由現金流量，估計是負三十五億美元，同時也表示現金流量在接下來的幾年都會是負數，但在二〇二〇年之後就會有起色，因為訂戶人數、營收，以及營業獲利都會成長。Netflix 也指出，現金流入與流出的時間點也會改變，因為製作原創內容，必須在作品發行，營收實現之前，先支付製作成本。二〇一九年四月，Netflix 發行高收益債券，募得十二億英鎊與九億美元，同時也承認往後可能會借入更多資金。

影音串流業者的未來，有一部分會取決於資金。迪士尼則可以從其他管道製造現金，例如主題公園與電影。為了減輕推出 Disney+ 的財務壓力，同時衝高訂戶人數，迪士尼與 Verizon 合作，由 Verizon 提供顧客免費的 Disney+ 一年期訂閱。每多一位訂戶，Verizon 都會支付迪士尼一筆金額不對外公開的費用，預計訂戶人數約有一千七百萬。

蘋果在二〇一九年握有兩千四百五十億美元的現金，亞馬遜則有兩百五十億美元。Netflix 必須能讓金主相信，Netflix 若能製作出賣座的內容，又有能力取得顧客，也能增加使用量，規模就會更大，會變成超級印鈔機，與亞馬遜、Google、臉書，阿里巴巴齊名。Netflix 執行長李德・黑斯汀於二〇一九年十一月，在《紐約時報》的 DealBook Conference 論壇表示：「真正的競爭在於時間……消費者會把晚上的時間交給誰？」[3]企業必須提供能贏得顧客青睞的產品，賺錢模式也必須有足夠的說服力，才能吸引金主。

重點是**金主**，而不是**資金**而已。能從懂得十倍或百倍思考的投資人或組織取得資金，是有好處的。

二〇一七年，由創辦人法蘭克．洛維與幾個兒子共同經營的 Westfield Corp.，在全美各地經營高級購物商場。面臨擾亂零售業的變革，他們的回應是讓另一家不動產公司，也就是位於巴黎的 Unibail-Rodamco SE，接管自家的購物商場。洛維家族仍然得以控制一個企業單位，當作發展適合數位時代的另一家公司的本錢。Unibail 在這次的分拆，能拿到新公司百分之十的股權。經過這次交易，洛維家族得以專注發展他們認為在數位世界已經成熟的概念：一個數位平台，能讓零售客戶分析自家顧客的資料，再將資料與其他眾多來源的資料互相結合，徹底了解消費者的樣貌。這家數位公司叫做 OneMarket，於二〇一八年在股票市場上市。平台於二〇一九年推出，許多知名的零售商都是平台的客戶。但 OneMarket 燒掉不少現金，後來大客戶 Nordstrom 拒絕續約，股價也就應聲下跌。OneMarket 努力尋找買家，但終究沒有成功。無論向顧客推出的產品是否合適，OneMarket 的金主顯然沒信心。

金主若是願意大額投資，追求高額報酬，也願意長期投資，尤其是願意耐心熬過燒錢階段，而且在某些情況，會積極參與生態系統或市場的建構，對企業來說是很大的競爭優勢。例如現在的私募股權界，就不太重視每股獲利，而是重視市占率、成長、估價，而且估價往往也是依據獲利以外的因素。

中國網路巨擘騰訊，從二〇一三年開始陸續投資兩百七十七家新創企業。僅僅在二〇一七年，就以三百三十億美元，買下八十幾家上市公司的股份。騰訊投資的對象，是擁有頂尖技術或研究，以及高成長市場的績優公司，「我們可以分享自身經驗，協助打造網路生態系統。」[4]

一家公司對於往後會如何符合大批消費者的需求，數位平台會如何運作，會如何打造生態系統，賺錢模式又會如何運作，如果能有合理的解釋，就很容易找到口袋深的金主。只要能拿出過往的成績，哪怕每股獲利是負數，還是能享有源源不絕的資金，公司在擴張期的流動性風險就會降低。

某些金主與投資人，已經開始對節節攀升的負現金流感到緊張，但這些投資人目前還沒有承受不了的跡象。數位公司以自身的賺錢模式，贏得前所未有的自由，而且在成長以及募集成長所需的資金方面，可望保持這種競爭優勢。

我們討論過競爭優勢的幾個基礎：為消費者創新以開創新市場、以數位平台為經營核心、打造生態系統，以及理解賺錢模式。公司並不是機器，必須由人類付出精力，才能完成這些事情。在數位時代，世人可以用不同的方式工作，更快做出更好的決策，也能同步作業。下一章要探討如何做到這一點，以及做到之後能享有怎樣的競爭優勢。

第七章
以團隊取代組織階層

規則五：人員、文化以及工作設計會組成「社會引擎」，帶動為顧客量身訂做的創新與執行。

現在的數位巨擘擁有、而傳統公司卻沒有的最大且最不為人所知的競爭優勢，是一種強大的**社會引擎**（social engine），能帶動不斷加速的成長。這個社會引擎包括公司的人員、文化，以及工作方式，具有極為強大的能力與速度。社會引擎能消滅科層體制，達成很多公司無法達成的：不斷為了消費者而自我調整與創新的能力。數位巨擘的社會引擎運作有紀律，也能解放人員的想像力，還能同時為顧客、生態系統夥伴、股東，以及員工創造價值。

大多數的數位公司，只有三至四道組織層級。就連亞馬遜這麼大的企業，某些主要事業體在最高主管之下，也只有三道組織層級。大部分的工作是由團隊完成，每個團隊都具有關鍵專業，能將一項計畫或工作，從初始概念推動到交貨或營運。亞馬遜全球消費事業執行長傑夫．威爾克形容亞馬遜安排工作的機制，是「可分離的單線團隊」。團隊成員完全專注在團隊必須完成的一件工作，他們的日常工作並不包括公司其他業務。

將工作分解成容易處理的事項，獨立團隊就能自主決定「該怎麼做」，決策就能更快更好。再加上從軟體開發界學來的敏捷方法，還有數位平台的迅速反應，團隊能迅速測試原型——又稱最簡可行產品（ＭＶＰ）——還能以極快的速度，運用資料予以修正，再重新推出。如此可縮短創新的週期，還能降低風險。

最傑出的數位公司，知道結構的功能有限，也知道成功終究取決於人才的素質。這些公司遴選新員工與團隊領導者，重視的不僅是才華與技能，還有價值觀與行為。富達個人投資在數位轉型的過程中，改用以團隊為基礎的結構。總裁凱西．墨菲率領整個團隊，親自細細審核幾百名員工，找出能帶領形形色色的團隊解決問題，創造價值的領導者（我在這一章會再詳細說明）。懂得遵守**同時對話**原則，也就是每個人同時聽見同樣的內容，也遵守僕人式領導，也就是幫助他人達成更崇高的目標的團隊領導者，能擴大團隊的集體學習，也會激發團隊成員的想像力，創造更多突破與大勝的機會。

現在的人在工作上之所以擁有更多自由，關鍵在於科技。演算法能將許多決策自動化，還能創造許多輔助決策的衡量指標。富達個人投資設有超過一千個衡量指標，亞馬遜有洋洋灑灑六十二頁的衡量指標，而且仍在持續尋找更好的衡量指標。

有了數位平台，公司的其他部門也能接收即時資訊，因此團隊可以自我修正，比較不需要人力監督。員工感覺較能花更多時間，做他們本來就想做的事，也就是做有意義的事，同時發展專業。蘋果就是以這種方式，製造出原始的 iPhone，它是由一個小團隊花了兩年時間，祕密進行的「紫色」計畫。

數位巨擘的企業文化，包括如何遴選員工、如何建立結構與管理員工的工作，以及如何使用衡量工具與技術。這些都會提升創新與執行，達到傳統公司無法企及的程度。

很多傳統公司的高級主管對我說過，他們想減少組織層級。他們目前的層級是七、八層甚至更多。我知道有一家一千億美元的公司，組織層級有十五層之多。執行長可能會要求營運長或財務長拿掉一兩層，擴大其他領導者的主導範圍。但減少層級並不能改變決策方式。

每一家公司都有跨功能團隊，以及其他協調業務的方式，但傳統公司很少會有團隊是專注在單一任務，負責將工作從頭做到尾，包括執行與經營。團隊成員也很少會不用負責其他的工作。員工在團隊合作，同時也要達成全職工作的重要績效指標。在大多數的例子，跨功能團隊與常設委員會，只是現有組織階層的上層，並沒有取代現有組織階層。委員會本身的規模很大（成員多達三四十位），非常笨重，做出重要決策的速度也很慢。

不少企業使用矩陣式報告結構，將各功能單位的利益結合。所謂矩陣式報告結構，就是員工向兩個不同的部門報告。有些公司的矩陣之內還有矩陣。但結構如此複雜，會製造模糊地帶，員工的主要任務與權責畫分的界線，也會因而模糊。

這些方法沒有一個能達到數位公司的速度與敏捷度，也沒有一個是鎖定以消費者為重的持續創新。因此，論起跟上快速變動的世界的能力，傳統公司始終落後於數位公司。

傳統公司吸引人才的能力也欠佳。年輕員工寧願加入有自主性，能將專案或工作從頭做到尾的團隊。他們希望對自己的工作能作主，討厭做一件事情要層層徵求同意，等到天荒地老。有些具有技術能力、企業爭相聘請的員工，會問起工作環境，以及公司對於永續性、Me Too 之類的議題的立場，如果不喜歡工作環境，甚至會推掉薪酬優渥的工作。

當然並不是每一家數位公司，都是企業敏捷度的典範。從富達個人投資的例子可以發現，不是每一家傳統公司，都會被以往成效不錯的構想所拖累。重點是要擁抱能讓二十一世紀的社會引擎無往不利的因素：極少的組織層級、優質且迅速的決策（借用傑夫・貝佐斯的言論）、不斷創新、極佳的執行，以及全心全意結合公司上下，帶給顧客更好的服務。

富達個人投資重新定義工作場所

二〇一四年秋季的一個星期天，我與富達個人投資部門總裁凱西・墨菲在她家地下室的辦公室對談。她在二〇〇九年加入富達個人投資，當時的富達個人投資是業界龍頭，長年為客戶創造高額價值。個人投資部門透過深化客戶關係，以及運用科技，不斷大幅提升客戶經驗。但無論是她還是我，都對那次週日午後的對談記憶深刻，因為那次談話過後，她覺得應該立刻展開很少傳統公司會嘗試、更不用說完成的劇烈變革。她鼓起勇氣，改造公司的結構與文化，現在的富達個人投資簡直就像天生數位的公司。

「我們聊起世界各地的數位公司，」墨菲憶起那次談話，說道：「發現有兩個地方很明顯。第一，吸引顧客的新招推出得非常快。第二，小規模的數位公司，可以說在挑戰產業面對市場的方式。

「我們以及我們大多數的競爭對手，都是以產品為中心。我們的哲學很重視客戶服務，公司的結構卻是著重在提供產品與服務給這些客戶。」她說道。「我們的成長跟傳統競爭對手相比算是不錯，但並不是爆發性的成長。現在也出現一些改變市場環境的力量。對於客戶真正重視什麼，我們又該如何運用數位工具，將整體顧客經驗簡化，這些問題現在都有了全新的思考。

「所以我們要挑戰自己。我們是業界的龍頭老大，經營得很成功，但世界在改變。我們該如何以更快的速度，為客戶創造價值？我們要怎麼加快速度？我們要如何重新思考客戶經驗？我們又該如何擴大市場？」

在許多傳統公司，現有的組織階層與文化並不利於快速行動，富達個人投資也不例外。一項時間研究揭曉了陷入困境的原因。墨菲請兩位直屬她管轄的員工，調查富達個人投資旗下一個事業單位的每一位員工，是如何運用時間。他們發現平均而言，單位裡的一百名員工的每一位，在任何時候都是同時做十件不同的事情。而且單位裡每個人同時做的十件事情也不盡相同。

員工於不同的業務領域工作，在連續的階段關卡流程中，完成自己的工作再交出。為了協調工作、互相合作，要召開很多大型集體會議，要經歷很多 PowerPoint 簡報。另外，還有「商業分析師」負責協調業務與技術部門。而包括行銷在內的某些部門，往往要等到開發週期的後期才會參與。而且他們在後期階段要是有疑慮，要是覺得事情不可行，那整個計畫都必須重做，就會嚴重拖慢進度。就連敲定一大群非常忙碌的人開會時間這種簡單的事情，也要花上幾星期才能搞定。動力與進度很容易熄火。

墨菲從數位公司的成績得到靈感，她問自己：「我們的組織架構如果仿效數位公司，就是以小型整合式團隊互相合作，一次達成一位顧客的目標，會怎麼樣呢？」

這個問題衍生出二〇一六年下半年的一項先導研究。這項研究將先前提到的一百人分為十人一組，每一組一次要完成一個目標。每一組具備完成計畫所需的每一項專業，例如技術、設計、產品開發、法遵、行銷等等。各組之間合作，將計畫從頭做到尾。而且每一位團隊成員，毋須負擔其他工作。

這種試驗性的整合式團隊合作，將完成工作所需的時間減少了百分之七十五。第一次試驗的成功，造就了更多整合式團隊。其中一個專門負責客戶服務數位化。所謂客戶服務數位化，意思是讓客戶得以輕鬆完成自己想完成的事情，例如查詢帳戶餘額，或是調整投資組合的配置，毋須致電客服中心。這個整合式團隊就像最初的先導研究，同樣大幅縮短工作所需的時間。團隊成員不必負擔其他工作，進度就會大有進步，能以更快的速度，簡化顧客經驗。

這項計畫的主要目標，是創造更好，更有效率的客戶經驗，但也衍生出另外兩項好處：為富達節省數億美元的成本，而且面對客戶的員工也更有餘裕，去做能為客戶創造更多價值的工作。

顯然富達個人投資會有重大斬獲。事實證明整合式團隊，確實能讓七十歲的公司加速創新。員工在敏捷的團隊工作，也認為新的工作方式很自由。他們很喜歡很多事情都能自己作主，不必辛苦奔波徵求各層級同意，也很喜歡能省下耗在開會上的大把時間。

員工分享對於新工作方式的喜愛，消息在富達個人投資的非正式公司網路逐漸傳開，其他還在以舊方法工作的員工也開始思考「我們何不試試看？」他們也想以這種有意思的新方式工作。墨菲說：「結果我必須花很多時間，在使用舊方法跟新方法的員工之間調停。」

員工的回應給了墨菲動力，她要推動公司其他單位改用新工作方法，而且動作要快。她與她的團隊依據整合式團隊，研發新的組織設計，在合適的情況實施，同時專注發展每一家成功的數位公司必備的精髓：深入洞悉全程消費者經驗，並且始終重視全程消費者經驗。

從客戶的角度出發，到組織結構

墨菲說她之所以在二〇〇九年加入富達，有三個原因：富達的價值觀，包括客戶優先的心態、富達人才濟濟，領導階層又有遠見。她知道富達長年有以客戶為中心的文化，也能接受挑戰傳統觀點。她在富達管理高層的支持之下，發現一個機會，以新的方式運用公司文化，滿足客戶在二〇〇七至二〇〇九年經濟衰退期之後，不斷變動的需求與期待。

墨菲與她的領導團隊為了更了解客戶不斷變動的需求與期待，研究幾千名直接與客戶接觸、也會因為服務得當而感到自豪的員工。她將這些員工分批帶到她家的辦公室，召開一連串「高峰會」，管理高層可親耳聽見這些員工每天與客戶互動，所累積的心得。她經常造訪這些員工的工作現場，鼓勵員工誠實反映客戶意見。她也親自收聽好幾小時的客戶來電錄音（現在還是會聽，每月二十小時）。

而亞馬遜、Netflix，以及Google這些數位公司，以全新的方式與顧客互動，也提高了顧客的期待。在這樣的背景下，富達個人投資僅僅是解決自己發現的問題，做得似乎不夠好。他們必須更詳細，更深入了解客戶，才能有效決策。二〇一四年，富達個人投資的一個團隊展開一段艱辛的過程，詳細介紹幾位模擬客戶——這些客戶代表富達個人投資所服務的主要客群——中的第一位。例如「蘇西」今年三十七歲半，熟悉數位工具，有少許投資經驗。已婚的她有兩名子女，住在費城郊區，每天搭火車上班。她經常使用行動裝置。富達個人投資是刻意設計出蘇西這位女性客戶，因為金融服務業較少服務女性。蘇西代表著挑戰業界現有作法的好機會。

團隊研究了蘇西的生活的每一個層面，以及她在一天當中的所有活動。她的生活攤開在六米長的牆上，上面全是圖表，還有幾十張便利貼。團隊也找出蘇西的客戶旅程的痛點，以及相關的衡量標準，並且歸納出蘇西的金融生活的重要事項。蘇西只要一登入帳戶，她與富達的所有互動，就會依照時間順序整理成圖表。牆上有一塊是分析客戶經驗的各種變化，對企業所造成的長期影響。另一塊是追蹤團隊成員必須完成的所有工作，以及這些工作的時機會如何影響其他工作，又會受到其他工作的哪些影響。如果有新的進展，或是遇到了問題，牆上的手寫字條也可輕易移除或變更。有一名全職人員負責管理這面牆，更新牆上的資訊。

富達個人投資的每一位員工，都必須熟悉蘇西這個人，才能做到墨菲所說的「站在她的角度看事情」。所有員工都能在牆上看見蘇西的詳細資料，以及專為蘇西打造的專案。

我也看過其他公司進行這種練習，但很少能匹敵富達個人投資團隊付出的精力，以及對細節的重視。很多公司委託顧問公司做這項工作。然而，若由內部人員進行研究，不但能了解得更深入，也更能察覺能構成差異的細微因素。這種作法不只是組織焦點團體，而是藉由仔細觀察，挖掘消費者行為的詳情。

團隊完成了蘇西的旅程，接下來要展開「莎莉」的旅程。莎莉是一位住在亞利桑那州斯科茨代爾的寡婦。與蘇西相比，莎莉較為年長，比較接近退休，理財需求更複雜。

這就只剩下第三大類的客戶：積極交易的哈利。蘇西、莎莉，以及哈利這三位虛擬人物，成為富達個人投資研究三大客群的全程客戶經驗的參考標準。往後每一次討論新行動，每一次的商業決策，都會以這三種客戶原型為中心。

將組織重整為大約一百八十個整合式團隊，以及把從最前線到富達個人投資總裁，最多八層的組織階層，縮減為僅僅三層的過程，也是以這三種客戶為依據。

富達現在的組織架構，簡直跟數位公司沒有兩樣。我觀察這家公司六年，覺得這家公司也因此得到與數位公司相同的競爭優勢。富達以這種方式工作了一整年，推出的新產品、新功能，以及新服務的年成長率為百分之五十。此外，富達個人投資的營收與獲利創下史上新高，市占率升高，與同業的差距也拉開。在第二年，新產品、新功能、新服務的發行量又成長了百分之一百三十，進展的速度更快。

「我們從客戶的角度出發，重新思考客戶應該有怎樣的經驗，又該如何以只有數位公司才能做到的方式，將理想的客戶經驗個人化。」墨菲說。「我們藉由這種方式，為客戶增加不少價值。」

其中一個例子是Fidelity ZERO。「我們的執行長希望我們加快創新的速度，我們就有了推出零費用指數型基金的構想。」墨菲對我說。「我們考量了我們的財務，覺得可行。執行長在二〇一八年五月中旬批准，我們打算在六星期之後推出。唯一會耽擱的就是要等主管機關核准。我們正式推出的那一天，競爭對手的股價跌了百分之五。」

除了這次創新，富達個人投資也以比往常快得多的速度，持續推出新功能、新經驗，以及新產品。他們將投資大眾化，將服務擴及更多人，等於將市場擴大了十倍左右，也就是說總潛在市場，可能比現在大很多倍。

敏捷且只有三層

即使是亞馬遜這樣的典型數位公司，某些事業單位也有多層報告結構，例如倉庫，以及第三方賣家聚集的Marketplace。但在最重視為顧客創新的領域，**團隊**才是王道，從執行長傑夫・貝佐斯一直到團隊，層級不到四層。

富達個人投資先是試驗整合式團隊結構，後來又加以擴大，在過程中運用敏捷開發的原則與語言（我認為原則的重要性更甚於專門術語）。工作畫分為各種領域，意思是專注追求某一個策略性目標的領域。「財富管理」就是一個（「莎莉的」全程旅程就屬於這個領域），「數位規畫」（「蘇西的」領域）是另一個。一個領域要將業務帶離主機，進入雲端，另一個領域則是涵蓋比較適合以傳統方式經營的事業單位，例如銷售團隊與後台部門。

領域的工作畫分為部落，各部落專心經營所屬的領域所要達成的目標。例如「財富管理」的領域就有九個部落，經營重點包括「財富規畫」及「退休與收入解決方案」。部落的工作再畫分為需要解決的特定問題。這就需要十至十五人組成的整合式團隊，又稱小隊。「財富管理」大約有六十個小隊。

墨菲之下的組織層級很少，分為領域、部落，以及小隊。

之所以能提升速度，是因為小隊成員完全專注、完全整合，如有可能也會共享辦公空間。小隊成員的任務定義非常明確，也能自主尋找問題或工作的解決方案。在富達，曾經隔間林立的辦公空間，現在成了開放空間，設有高桌與矮桌，員工可以架設筆記型電腦，或是聚在一起談話。墨菲再也沒有個人辦公室，而是使用辦公

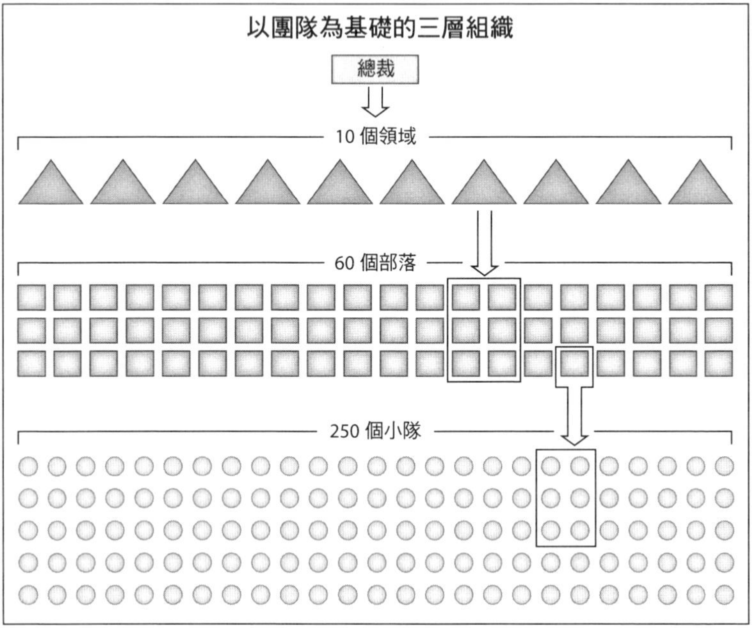
以團隊為基礎的三層組織
總裁
10 個領域
60 個部落
250 個小隊

空間一隅的站立式辦公桌。

這樣的環境，不僅千禧世代喜歡，富達必須跟 Google、臉書之類的巨擘爭搶的技術人員喜歡，大多數前線的同仁也喜歡。這些同仁表示，樂於握有更大的自主權、更大程度的合作，以及更高的效率。富達個人投資的財富管理領域的主管拉姆．蘇布拉曼尼雅表示：「同仁就坐在你旁邊，你馬上就能得到反應。」「財富管理」的管理資產規模超過一兆美元，是富達最大的領域。蘇布拉曼尼雅又說：「現在不必等上八個禮拜，才會知道某件事情行不通。」

協調與控制是大公司的老問題。但數位新創公司與數位巨擘的經驗可以證明，科技是解決老問題的好辦法。甚至還可以實現零組織階層，亦即得到授權的員工，能運用科技工具存取資訊。

富達從微軟與亞馬遜這些企業，挖掘了一百位技術高超的資料科學家與技術人員，要求其中十五位建造一個平台，能讓資訊在公司向上、向下，以及橫向流動。他們僅僅花了三個月，就創造「感測器儀表板」，能即時評估富達個人投資各單位的活動，而且開放每一個小隊存取資料。

富達個人投資運用廣受歡迎的第三方軟體應用程式 Jira，管理專案與敏捷團隊。Jira 由下而上追蹤資訊，發布進度落後警示，提醒團隊主動處理問題。

另一款第三方軟體產品叫做 Jira Align（以前叫做 AgileCraft），能幫助企業高層將計畫集中化，連結到各單位的執行作業。整個計畫即使畫分成不同的任務，分配給各團隊，Jira Align 仍然會掌握計畫的重點，而且也會預測一個團隊的工作進度。任何人使用這套軟體，都能登入瀏覽資料，例如察看某一個小隊的表現、待完成量、滿意度，以及速度。使用 Jira Align 還能輕易找出相依性，意思是一個小隊的工作必須依賴別人的工作的程度。所有人員便能據此調整優先次序，自我監督。

拜科技所賜，即時資料得以透明化。但企業還是需要人力，每天把事情串連起來。如何辦到？透過老派又有效的人際互動。

所謂的敏捷大師，就是精通敏捷管理的方法與慣例的專家，能帶頭召開每日的站立會議，也就是十五分鐘的會議，時間短到不需要座椅。這些大師不是計畫領導者，而是協助小隊成員共同掌握目標與時機，同時也發掘相依性，消滅阻礙小隊前進的因素，確保團隊走在正確的道路上。

一群敏捷教練與部落領導者合作，確保部落的工作結合起來，能達成更高層級的目標。他們是執行敏捷計畫，持續指導部落的專家。在執行敏捷計畫的初期，他們是負責教育領導者的主力。領導者與團隊養成敏捷技能之後，敏捷教練即可指導他們將敏捷技能用於更複雜的用途。

協調也會透過「大空間規畫」進行。一百位最高領導者每季一次，聚集在房間內，檢視彼此之間的相互依存度。這些會議一開始有些繁重，費時整整兩天。現在大家習慣聚焦在潛在衝突，因此會議通常能在幾小時內結束。當場果斷解決衝突，能激勵員工士氣。

數位競爭者柔軟的一面

衡量工具與數位儀表板，能促進眾人朝著同一方向前進。但員工要看到自己的工作能成就更大理想，才能發揮最大的潛力。在人生當中，能主宰自己工作的感覺，是滿意度的一大來源。若是可以和有能力掃除障礙、解決糾紛的領導者合作，滿意度就會更上層樓。

富達個人投資開始領導跨功能團隊，參與其中的員工很快就能適應。很多企業的員工會抗拒改變，富達的員工卻多半樂於改變。這種擁抱改變的風氣，重要性高於任何上層的命令。

到了二〇一七年年中，富達個人投資必須加快速度，引導公司其他員工適應新的、以團隊為基礎的組織結構。墨菲委託波士頓顧問公司常務董事兼高級合夥人蒙尼希．庫瑪與他的團隊，指導富達個人投資在年底前達成目標。墨菲知道她的公司已經做好迎接改變的準備，她本人也全力投入。庫瑪記得在七月四日美國國慶日接到墨菲的電話，心想：「她絕對不只是要約我去夏季烤肉宴！」

墨菲將二〇一八年一月訂為「斷線計畫」推出的時間。墨菲說：「我們希望在二〇一八年全新開始，再也不回頭。」庫瑪認同墨菲的轉型理念，擬定了計畫，要在極短的時間內，完成所需的變革。

他們以客戶為中心，設計組織結構，將領域、部落、小隊做成示意圖，也將運作原理傳授給員工。墨菲說：「我們超越了傳統產品與功能型組織結構，擴展到以客戶需求為重的結構，刻意強化以客戶為重的心態。」

但最後成功與否，終究取決於團隊內部的人際互動，而團隊領導者是團隊內部人際互動的關鍵。

現在的數位巨擘，多半是從小型團隊開始。小型團隊由技術高超的人員組成，這些人員通曉的技術非常搶手。各企業以前會爭搶這些人才（現在還是會），方法包括提供股票選擇權，以及營造極佳的工作環境。矽谷提供的津貼與自由頗引人矚目，卻也反映出數位公司對於員工，以及領導員工的最佳方式，有截然不同的想法。

主流的想法是，大多數人本來就有抱負，希望能有所貢獻，能解決問題，也想學習新東西。而且大多數人希望自己的意見有人聽，希望受到尊重，希望得到合理的對待，也希望看見自己的貢獻確實重要。領導風格偏重於指揮及控制的老闆，可能會把這些人趕往別家企業。

富達個人投資的領導者之所以雀屏中選，主要的原因是他們有能力促進知識員工之間的合作，也有能力授權他們的團隊，以及支持他們的小隊與分會。這一點相當關鍵。富達個人投資已經採納以「倍增」行為為基礎的領導，也就是麗茲・懷茲曼在《倍增因子》一書介紹的概念。富達個人投資的高級團隊現在運用這些概念，建立遴選部落、分會、小隊，以及團隊的領導者的標準。

現任的領導者，沒有一位是直接奉派為部落或小隊的領導者，而是跟其他人一樣，是受邀應徵這份工作。

墨菲後來又率領高級團隊，投入大量時間與精力，確保每次有團隊領導者的職缺，他們都能找到合適的人選。每一位領導者都經過全方位審核，由兩位高級領導者與每一位候選人面談。整個過程涵蓋的層面很廣，需要整個富達個人投資高級團隊全力投入一個月左右，才能完成。

接下來就是選擇的時間。富達個人投資高級團隊的成員關在房間裡整整兩天兩夜，研究蒐集到的所有資訊。他們握有一千五百名想成為領導者的應徵者的全方位審核結果、過往績效資料，以及詳盡的面談筆記。墨菲說：「我們把所有資料貼在牆上，細細討論每一位應徵者。」

「我們知道我們選擇的團隊領導者，代表我們是否具有改變工作方式的決心。」她接著說，「所以我們不得不做出很困難的抉擇。

「遴選過程並不重視他們的知識，而是非常重視他們能否以新的方式領導。所以我們會分析，每一位候選人是否具備我們所定義的倍增領導特質。很顯然有些人是別人眼中的英雄，也不曾犯錯，但在新的模式無法成功。有些可以成功，但其他人真的就是不適合。」

「從另一個角度看，」蘇布拉曼尼雅說，「我們也發現一些寶藏。有些人不太了解實際的產品，但很擅長推動眾人合作，做出以顧客為重的成果。大約有三分之一的小隊領導者，在舊制度是絕對不會雀屏中選的。」

高級領導者先選擇部落領導者，再選擇小隊領導者，很快就得到基層的肯定。「我們公布了遴選結果，不久之後有一位小隊成員過來找我，說了一句很關鍵的話，我聽了就知道我們做得對。」墨菲說。「這個人對我說：『我本來還不確定妳是認真的，後來我看見妳選了凱特，我才知道妳是玩真的。』」墨菲說，凱特言語溫和，並不是典型的強勢領導者。凱特最後拿下最多人想要的職位，而且勝任愉快。

富達個人投資的全體人員，於二〇一八年一月三日前改換新的工作方式。墨菲強調改換還在進行當中。剛開始的幾個月，他們必須告訴員工，授權並不代表團隊就能完全自主，而是團隊的工作必須配合其他人的工作，而且都有時限。離職的員工人數很少，無論是自願還是非自願離職。到了二〇一八年的年底，絕大多數的員工表示，再也不想回到過往的工作方式。

富達個人投資全面改用敏捷工作方式，不久之後富達的其他事業單位，甚至「內部稽核」之類的行政部門，也開始過渡到這種以整合式團隊為主的架構。現在富達的很多單位，也採用新架構。

社會引擎的「誰」與「如何」：領導與文化

整合式團隊顯然能以更快的速度完成工作，但當今的數位巨擘，是從他們的社會引擎收穫更強大的利益。想想亞馬遜跨足新領域，迅速擴大規模的能力。當然我們知道傑夫．貝佐斯想像力豐沛，才華洋溢，但亞馬遜的成功，絕對不只是一個人的功勞。

亞馬遜有一支大軍負責尋找新東西，努力提升現有的東西，也持續提高自身表現的標準。每一位應徵者，都必須擁有最高等級的能力，願意學習，也樂於遠大思考。亞馬遜的人才招募流程，一律有經過認證的「標準提高者」把關。「標準提高者」有能力評估應徵者的才能是否高於亞馬遜目前的平均值。亞馬遜的員工必須具有「建造」與構思的能力，致力創造有內在價值的東西。

這樣的人才形成關鍵群體，而企業對他們的組織與管理，又能讓他們發揮自身的活力與才華，形成一股很美好的自然力量。安迪．賈西說起亞馬遜迅速成長的網路服務事業AWS的由來。他說，當初是一群聰明人，在一個利於實現構想的環境集思廣益。賈西從AWS創立之初，一路擔任主管至今。他說，AWS的構想，源自二〇〇三年在傑夫．貝佐斯的家中的一次閉關。那次閉關的三年後，亞馬遜刻意低調推出AWS。

正如朗．米勒於二〇一六年七月在TechCrunch表示，亞馬遜的高層團隊當時在討論公司的核心能力，後來討論的範圍逐漸擴大：

賈西說，團隊在討論的過程中，發現亞馬遜也已經很擅長運算、儲存、資料庫這些基礎設施服務……還能基於需求，經營可靠、可擴大，且具有成本效益的資料中心……就在這個時候，他們沒有講得很白，但其實已經開始構思AWS的樣貌，也開始思考亞馬遜有沒有一個事業單位，能向開發者提供基礎設施服務。

賈西說：「事後想想覺得理所當然，但當時我覺得我們應該沒想到這個。」

任何一家企業的社會引擎的力量，都在於**誰**與**如何**。你聘請怎樣的人？或者以富達的例子來看，你會選擇怎樣的團隊領導者？你如何提升他們做有意義的工作的熱情？

現在快速成長的科技公司創辦人，甚至是微軟與蘋果創立初期的比爾·蓋茲與史提夫·賈伯斯，都耗費不少心力招募人才。他們評估人才，重視的不只是對方是否適任某個職位，也會考量對方有無能力奮鬥、學習、成長，以及做事。

Google的創辦人賽吉·布林與艾瑞克·舒密特，訂出每一位應徵者必須符合的標準，也設置了維護標準的程序，包括最終必須由總審核者同意。後來就由另一位創辦人賴瑞·佩吉負責新員工聘任案的最終審核。

Google 的主管也積極招募頂尖人才。Google「人才行動」前任主管拉茲羅·巴克在二〇一六年對我說：「我們每星期都花一天半到兩天的時間招募人力。不只是面試應徵者，也要向應徵者推銷我們自己，要結交人才，了解他們，建立長期的關係，有時候一連幾年，直到有人要離開為止。」

「無論是哪一種職缺，我們的目標，都是要聘請經驗與特質大於職務需求的人。任何人只要流露出一絲一毫不願合作，或是不肯虛心學習的態度，就不符合資格。」巴克說。「無論是哪一種職缺，我們要找的人必須具備**緊急領導能力**。一旦問題發生，這個人能不能挺身填補空缺？或許更重要的是，這個人在問題的另一個階段，能不能將權力讓給另一個人？」[1]

傑夫·貝佐斯在一九九九年，將傑夫·威爾克從 AlliedSignal（現在的漢威）挖來亞馬遜。當時的威爾克是一位重視指標，以顧客為導向的行動派。像他這樣的人，即使在舊東家有迅速竄升的機會，也還是會扛著裝滿書本的紙箱，跳槽到新東家。他很能適應亞馬遜企業文化根深柢固的主要特質，也就是高標準要求、允許員工做主，以及鼓勵員工遠大思考。他熟悉賴利．包熙迪催生 AlliedSignal 的超強執行力，所用的經營工具（也就是包熙迪與我合著的《執行力》一書的主題），並將其運用在亞馬遜。他帶動亞馬遜的成長，自己的職業生涯也得以更上層樓。如今他在價值兩千三百二十億美元的亞馬遜，擔任全球消費品部門執行長。

數位巨擘要求員工必須能提出構想、解決問題、團隊合作[2]，以及學習。例如 Netflix 明確提出對於受薪員工的要求，就異於大多數的財富五百強企業。Netflix 明確要求員工「提出有用的新構想」、「以追求卓越的熱情激勵同仁」、「尋求最好的構想的同時，要放掉自我」，以及「積極且快速學習」。這些特質是數位世界一再出現的主題，是企業聘用人才的參考依據，屢次出現也塑造了企業文化。

意義過於廣泛的「文化」一詞的簡單定義，是以共同的行為，表達共同的價值。關鍵群體的行為，其他人往往會仿效，所以那些獲聘擔任要職的人的行為極為重要。因此墨菲與她的團隊，才會投入那麼多時間與精力，挑選部落與分會的領導者。

企業文化一旦形成，就會吸引擁有類似價值與行為的人，例如重視學習與貢獻，更甚於不擇手段提升權力的人。企業文化便能永遠延續。

對於傳統企業而言，要求員工持續學習，保持好奇心（Netflix 明確宣示的另一項要求），是一種個人職業生涯思考的典範轉移。在大多數的企業，員工是等著爬上垂直路徑的下一步：行銷、財務、銷售、資訊科技。但在只有三道階層的企業，只有少數人能升上更高的組織階層。對於大多數人來說，進步是表現在其他方面，例如累積更深厚的專業、更寬廣的視野，或是更有能力處理複雜的問題。

富達個人投資將超過五千名員工，從職能筒倉轉移到整合式團隊，也必須應對傳統企業階層的職業生涯發展方式。新模式的階層少了很多，重視的是員工該如何持續創造價值，持續對客戶與企業發揮正面影響。員工得到的獎勵，是依據他們的貢獻，以及專長與技能成長的空間計算。員工喜歡新的工作方式，但也擔憂自己的職業生涯要如何提升，也想知道「升遷」或加薪的依據是什麼。公司解決這個問題的方式，是將技能、專長與個人發展，作為職業生涯的實質成長與發展的指標。

富達個人投資的新組織架構包括「分會」（借用敏捷方法的概念），所謂分會其實就是專長領域。小隊的成員來自各分會。

分會領導者必須持續擬定各部落的策略，培養人員的專長技能，以及指導人員的工作表現。

「我們公司現在每一個學門（技術、數位、使用者設計、行銷等等的不同層面），都有詳細的技能矩陣。員工無論是擴展技能，還是追求職業生涯的發展，都能看見未來的道路。」墨菲說。「員工就能有整體的思考，知道擁有了新技能，還能參與哪些小隊，在不同的小隊，甚至不同的分會，發揮並擴展自己的技能。」

技能評估與矩陣，是員工進步的架構。「這有點像一種新貨幣，我們支付員工，員工在職業生涯更上層樓，用的都是這種貨幣。」墨菲說。「有些人希望以領導別人、指導別人，提升自己的職業生涯。有些人則是比較希望因為帶給顧客及企業實際的價值，以及深化自身的專業技能，而得到獎勵。」

富達個人投資致力推動員工以及員工技能的發展，特地安排每週一天的「學習日」。每逢星期二，員工便可自行安排學習活動，包括學習新技能、強化現有技能、修習課程，或是進行其他的學習成長活動。員工的時間有百分之二十用於自

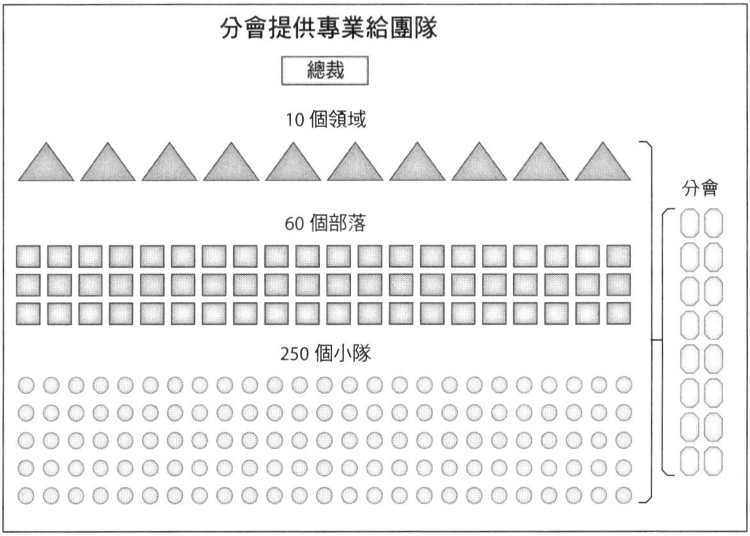
分會提供專業給團隊
總裁
10 個領域
60 個部落
250 個小隊
分會

由學習。富達個人投資的員工也充分利用自由學習時間，公司推出自由學習的第一年，員工的總學習時間，就達到一百萬小時之譜。

領導者也必須持續學習。富達個人投資的兩百位高層，在麻省理工學院修習基礎演算法課程。拉姆・蘇布拉曼尼雅正在從頭開始學 Python 程式語言。幾位主機技術的專家，也拿到雲端運算的證書。

墨菲說：「我們的創新與數位旅程的發展速度，確實因為重視學習而加快。」

渦輪增壓的創造力

企業的社會引擎有許多成分，例如最少的組織階層、整合式自主團隊、透明，以及個人成長。如果有一種祕密配方，能讓這些成分更為強而有力，那就是**同時對話**的力量。

想像一個由專家組成的整合式團隊，天生喜歡學習、成長，以及奮鬥。他們專注執行一個相當明確、他們自己也認同的任務，而且任務也有具體的績效指標。他們的工作不會受到政治操作與科層體制妨礙，況且還有領導者為他們披荊斬棘。

這些專家在團隊中討論，每一位都能同時聽見每一句話，因此溝通的內容不會遭到曲解。團隊成員共享資訊，得以察覺無意間的偏見，漸漸就會出現**單一的事實來源**，或單一的共享現實來源。

有了單一的事實來源作為基礎，持續進行的交流就是一種三角程序，可釐清最佳的構想、解決方案，或是選項。我認為這種**同時對話**的輸出是最重要的關鍵，因為那是團隊的中心焦點與目標。

團隊成員依據彼此的意見，交流看法與資訊，形成見解。新資訊與見解會刺激其他的新構想、創造新力量，擴張團隊成員的心智容量。這就是新構想生成的方式，透過即時資料與回饋，新構想就能迅速重複與改善。

同時對話能產生成功的創新與突破，以極快的速度解決問題。尤其在大型企業，一個團隊的輸出，是另一個團隊得到的輸入，所以會有累積效應。這就是社會引擎，能帶給新創公司前進的動力，同時為顧客、企業，以及員工創造價值。

這種社會引擎只要有監督機制，確保其運作順利，就能加快數位公司的成長速度，擴大其領先幅度。傳統公司不應小看這種社會引擎的力量與重要性。

富達個人投資轉型為數位創新者的經歷，對於每一位有抱負的領導者都是一種鼓勵。你也能做到！無論你是要創立數位公司，轉型成數位公司，還是已經是數位公司，你的領導有可能創造公司的競爭優勢，也有可能陷公司於競爭劣勢。下一章要探討領導者需要具備哪些重要特質，才能帶領公司走向未來。

第八章 開創未來的領導者

規則六：領導者不斷學習、想像、突破障礙，創造公司必須應對的其他改變。

只顧著遵循新規則，忽略自己的領導方式，是很危險的。領導者可以創立公司、擴張公司、任由公司衰敗倒閉，也可以振興公司。沃爾瑪於二〇〇一年開始數位化，但成效始終有限，直到道格・麥克米倫於二〇一四年出任執行長，情況才有所改變。微軟在薩蒂亞・納德拉出任執行長之前，數位化的進度始終牛步。賴瑞・佩吉與賽吉・布林開創了新的競爭領域。馬克・祖克柏也一樣。由此可看出一個明顯的現象：領導能決定企業成功與否。

在我們所處的現世，企業領導者必須持續面對局勢變遷的挑戰，彼此之間也會不斷競爭。數位領導者目前之所以具有優勢，不是因為比較年輕又精通科技，而是因為領導方式本來就比較適合數位時代的數位公司。

每一個在傳統公司闖蕩成功、而現在必須改變習慣與心態的人，都應該了解數位領導者所具備的不同特質。這樣說也許顯得刻薄，但若是不具備數位時代領導者必備的特質，就應該考慮讓賢，轉而扮演其他角色。二十一世紀福斯公司的魯柏．梅鐸，以及 Westfield Corp. 的法蘭克．洛維，先後將自家企業的全部或一部分，讓給可能比較懂得經營的人。未來還會看到更多類似的領導階層調整。

但沒有人天生注定會成功或失敗。大家都有機會，我們也親眼看見現在的領導者所面臨的挑戰。

以美國的指標企業迪士尼公司為例。包柏．艾格歷經電視界數十年的生涯，於二〇〇五年出任迪士尼執行長。在他的領導之下，迪士尼的EPS與股利，多年來始終維持在超高水準。但媒體觀察者看見 Netflix 起飛，卻看不出迪士尼具有類似能力。有些觀察者開始質疑，迪士尼能否因應電視急遽衰退，以及影音串流崛起的趨勢，若能因應又會在何時因應。

艾格在任內的大部分時間，努力重振迪士尼的內容生產，尤其是已經失去光環的動畫。他認為要重振迪士尼的創造力，最直接的辦法是購併皮克斯。皮克斯多年來發揮創意與技術專長，製作各年齡層都愛看的新動畫，例如《玩具總動員》及《海底總動員》。艾格告訴賈伯斯，購併對皮克斯與迪士尼都有好處，賈伯斯同意之後，購併於二〇〇六年完成。

迪士尼為了追求優質品質，很快就又完成兩起重大購併：二〇〇九年購併擁有大量漫畫人物的漫威娛樂，二〇一二年購併擁有星際大戰系列的盧卡斯影業。

這幾起購併將迪士尼的票房一舉推上高峰。二〇一六年（也是上海迪士尼樂園開幕的那一年），迪士尼推出四部新片，每一部的全球票房收益，都突破十億美元。

艾格觀察數位科技多年，但迪士尼始終沒有要認真發展影音串流的意思。在二〇一七年，情況出現了變化。艾格對於破壞與數位技術的言論，突然化為具體行動。迪士尼大舉進軍影音串流。

位於曼哈頓，串流直播棒球賽的新創公司 BAMTech，會是迪士尼發展影音串流的關鍵。這家公司創立了 Hulu 的串流服務，以及 HBO Now 與其他串流服務。迪士尼先是小額投資這家公司，後於二〇一七年經過協商，將持股提高至百分之七十五。BAMTech 為迪士尼旗下的 ESPN 頻道打造串流服務，於二〇一八年推出，還有另一個，也就是現在的 Disney+，於二〇一九年底推出。迪士尼委託 BAMTech 建立數位平台，比內部自行建造速度更快，但需要投入十五億美元的資金。

相較於迪士尼數位大業的另一塊拼圖，這筆投資其實算是小額。二〇一七年年中，迪士尼加碼投資 BAMTech 之後不久，魯柏．梅鐸與艾格開始討論二十一世紀福斯公司的資產。艾格與他的策略長凱文．梅耶爾也開始思考，福斯公司的哪些單位能擴大迪士尼的產品與企業規模。福斯旗下有電影公司，在逐漸成長的印度市場也有經營，對於迪士尼的全球擴張頗有助益。福斯也是 Hulu 的大股東，迪士尼買下福斯，所持有的 Hulu 股份會增加，等於擁有第三家串流服務的多數持股。闔家觀賞的 Disney+ 品牌不方便播出的內容，也有了播出的管道。

歷經幾輪談判，福斯購併案於二〇一九年完成。迪士尼在進行串流轉型之際，再度斥鉅資購併，投資金額達到七百一十億美元之譜。到了二〇一九年年底，艾格已下注完畢，投入幾百億美元，要與消費者直接接觸，持續取得優質內容。迪士尼已經開始收回授權給其他公司的內容，因此失去了一項穩定的營收來源。Disney+的訂閱價格定在每月六．九九美元，低廉到足以吸引一般家庭。

這些決策代表獲利與現金存量短期會下降，賺錢模式也會改變。艾格不再將每股獲利當成首要績效指標，而是更重視訂戶人數。

艾格說服了投資人，也必須說服公司內部。舊有的賺錢模式正遭到破壞，公司本身也一樣。現在形成了新的團體，專為直接面對消費者的市場生產內容。新業務部門的名稱，例如「直接面對消費者與國際」以及「遊樂園、體驗，與消費產品」，反映了新的方向，也區隔了創造者與資料使用者。為了爭取迪士尼員工、投資人，以及消費者支持，艾格前往世界各地說明迪士尼的計畫，聽取各方意見。他也順利說服董事會支持新的獎勵制度。

那麼艾格算是數位領導者嗎？就他的經驗與背景而言，很難斷言他會適應數位時代競爭優勢的原則。任何一位在穩定的企業環境歷練成熟的領導者，尤其是從稱霸市場、甚至可以說壟斷市場的企業歷練出來的領導者，恐怕很難適應現今的動態。但艾格似乎依循著下列新規則：

- 察覺消費者最重視的是什麼：好的內容、受人喜愛的人物，以及新的娛樂消費方式。
- 運用數位平台，接觸並了解個別消費者，以期將消費者與迪士尼人物及故事的連結加以個人化。
- 開創一個專注發展規模的賺錢模式。
- 與生態系統夥伴合作，衝高訂戶人數，例如與 Verizon 合作，提供 Disney+ 給 Verizon 的客戶。
- 轉換社會引擎，配合公司的新定位與賺錢模式。

艾格身為執行長，思想與行為似乎與我所觀察過的許多數位領導者類似。他的思想開明，持續理解並認識新模式，也能想像新的東西，有遠大的志向，即使面臨風險，也要帶領公司勇敢追求願景。簡言之，他擁有數位時代領導者的心態、技能，以及勇氣。

任何數位公司，或是想要展開數位轉型的公司，必須擁有能符合數位公司需求的領導者。迪士尼董事會在二〇〇五年任命艾格為執行長之時，並未要求艾格成為數位領導者。但他在二〇二〇年二月二十五日宣布退休之際，已然成為數位領導者。B2W的安娜．塞伊卡里以及富達的凱西．墨菲亦然。這兩位都是先在傳統公司歷練，再成為數位領導者。

什麼是數位領導者？

根據我的觀察，數位公司領導者與傳統公司領導者最顯著的差異，主要在於認知、技能，以及心理導向。最重要的是這些要如何融合在一起，將遠大思考，與賺錢、執行、速度這些實務串連。以下是數位領導者得以成功的原因：

- 他們的心智容量，得以進行十倍或百倍思考，能想像目前並不存在的未來，也有克服一切困難的信心。他們很了解，也極為重視顧客，並且具有想像力與遠見，能設想全程客戶經驗，以及宏大的未來。他們知道賺錢模式與公司的生態系統，會以可永續的新方式共同運作。他們也願意大手筆投資，哪怕一開始必須承受獲利與現金的損失，還要面對華爾街的質疑，因為他們相當清楚運作的方式。他們有能力建立大型生態系統，也相信他們進入的每一個市場，都有擴張的潛力。
- 他們有能力，也願意進行資料分析。他們行動的勇氣來自事實與知識，而不是可預測的結果。他們將資料與直覺融合，檢視未來趨勢，並依據新的資料與事實，調整行動與產品。
- 他們的思考是流動的，不僅樂見改變，甚至會主動尋求改變。在他人眼中，他們甚至可以說是不斷發動改變。有人說數位公司在破壞產業，但這並非大多數數位公司領導者的本意。他們的本意是要創造新的東西。他們的思考過程是流動的、反覆的，因此一年一度的策略檢討，已經成為過時的機制。檢討不是一年一次，而是持續進行。

- 他們渴求接下來的發展，也勇於創造、破壞。他們的心理是追求快速、急迫，以及持續的實驗。他們持續研究哪些地方需要改進，哪些東西又需要創造，不僅對消費者有益，也能為公司創造新的營收來源。他們勇於拆取手上的東西，對於無用的東西也會毅然捨棄。傳統公司的領導者要求鉅細靡遺的正式簡報，審核之後才會批准。數位公司的領導者則是可以不經過正式程序，直接大手筆投資。他們重視的是顧客能得到的利益，也願意接受不確定性。他們的心理、習慣、天性都是傾向於探索、試驗、學習、調整，如有必要也會快速停損。
- 他們有敏銳的觀察力，能吸收硬資料，推測未來的局勢。
- 人工智慧與演算法，能幫助具有數位能力的公司理清複雜的營運，但這些公司的領導者，在改變企業基本構成元素的過程中，要有能力因應許多變數。他們不會承受不了改變的速度，也願意生產最簡可行產品（MVP）。最簡可行產品是產品的可用版本，能依據顧客的回饋，迅速測試並重複。他們能處理不斷湧入的新資訊，因此，面對社群媒體與口碑的快速流傳，能迅速做出反應，也能持續調動資源，調整短期與長期目標。

- 這種流動的思考，以及吸收複雜新資訊的能力，能促進持續學習。這樣的領導者能吸收新知，也會鞭策自己了解未知的事物。
- 他們通曉演算科學的應用，也重視以事實為根據的推理，但他們也知道，不見得每一次都能掌握充足的資料。
- 他們以衡量指標及透明的資料推動執行。他們嚴格要求員工準時交出工作成果。
- 他們懂得為每個職位挑選合適的人，對於不適任的人選，也會迅速調往他職。
- 他們願意重新思考組織架構的概念，讓決策更貼近顧客，以提升決策的速度與品質。他們也願意授權下屬自由行動，同時運用資料與獎勵，提升當責與執行。
- 在各行各業，從戰爭到運動再到政治，「**勇氣**」一詞始終與堅實的領導畫上等號。勇氣在數位領導者，或是正在進行數位轉型的傳統領導者身上特別明顯。他們具有果斷行動的勇氣，即使逐漸浮現的局勢往往並未完全明朗，且仍有未知數，仍毅然大膽行動。他們的勇氣與膽識，來自吸收並整理大量新資料與新資訊的能力，以及勇於承擔風險的膽量。

最後一點可說是艾格的寫照，他加入串流大戰的時間點，比許多人預期的更晚。他大筆借款買下福斯與 Hulu，知道價格戰會耗上許久，還會讓公司耗費大量現金，不僅導致獲利下降，也會招致媒體、投資人，以及激進份子的批評。倘若迪士尼的轉型最終失敗，不僅迪士尼的品牌蒙塵，艾格的名聲也會跟著掃地。但艾格具有為迪士尼開創未來的認知能力，也有鉅額投資的膽識。

領導能力的考驗

當今的快節奏數位經濟，不適合膽怯者生存。但領導者若是不具備必要的技能，就大膽冒進，也只能說是魯莽而已。

領導者之所以失敗，通常是因為他們的商業技能，不符合工作的需求。常見的問題包括現金配置的判斷失誤，以及無法聘用並訓練必要的人才。舉例來說，我們知道自動駕駛車在不遠的未來即將問世，但誰也不知道究竟何時會問世、在何地問世、普及的速度有多快、哪一家業者會稱霸市場。經營自動駕駛車的企業的起落，將取決於公司的領導者在新興的市場、在不確定的迷霧中前行的能力。

自動駕駛車需要大量資料，研發又涉及許多風險。我們已經知道，測試與研發階段的意外事件，會嚴重影響消費者的接受度。有些公司領導者不顧風險，積極發展自動駕駛車，有些則是較為審慎。

生態系統難免會互相競爭，在生態系統中犯錯，包括動作太慢，可是會威脅到企業的生存。領導者要有能力想像變動的生態系統夥伴將如何結合，建立關係，也要願意與生態系統的夥伴共享資訊，而不是按照以往的習慣單打獨鬥。

全球移動市場的總營收，至今仍是未知，但全球的汽車持有人數卻持續下降。要在汽車市場競爭的企業領導者，必須找出有效的賺錢模式。這對於傳統汽車製造業的領導者來說，是格外嚴峻的考驗。例如福特就有現金方面的問題。福特的執行長會不會與其他汽車製造商合作，並爭取到福特董事會的支持？現金不足的問題，會不會導致福特無法打造規模夠大的生態系統，也因此無法維持競爭力？福特正在三個城市測試自動駕駛車，其他汽車製造商則多半只在一個城市測試。福特能在不同環境蒐集資料，確實是一種優勢，但能否負擔長期在三個城市進行測試的成本？執行長必須願意適時調整資源配置，承受伴隨獲利下降而來的無情砲轟，也要有說服投資人與員工的口才。

汽車業的領導者，必須應付這些商業議題。他們的決策也會產生重大的影響。看看BMW、福特，以及戴姆勒的執行長流動率就知道了。

包柏・查佩克於二〇二〇年二月接替艾格，成為迪士尼新任執行長。他必須承受新的賺錢模式，對於資本成本的任何影響。Disney+ 一推出就擄獲不少訂戶，因此迪士尼的股價在二〇一九年年底表現不俗，但不知道訂戶人數能否持續下去，投資人又能否接受較低的每股獲利。二〇一八年，迪士尼二〇二〇年的每股獲利估計值為八・二〇美元。到了二〇一九年年底，二〇二〇年的每股獲利估計值已經降至六美元以下。

隨著競爭環境改變，執行長李德・黑斯汀能否繼續為 Netflix 吸引資金？Netflix 的榮景能否延續，關鍵在於黑斯汀面臨其他公司以新的娛樂選項吸引消費者，是否有能力讓賺錢模式持續運作。Netflix 近年來提高了訂閱價格，市場並沒有嚴重反彈。黑斯汀要是為了吸引新訂戶而降價，投資人會不會覺得 Netflix 失去吸引力？二〇二〇年四月，Netflix 在該年第一季新增一千五百八十萬名新訂戶，且因為製作量趨緩，六年來現金流量首度轉正之後，宣布將發行十億美元的低成本債券，歐元計價與美元計價各占一半。

培養數位領導者

領導風格的過時已成為現實。許多傳統企業領導者的認知技能是漸進養成，而非在快速大幅的成長中養成。他們多半是以漲價或購併提振營收，而不是藉由創造新市場（看看寶僑的高價模式，還有迪士尼主題樂園門票調漲）。而且他們多半缺乏在當今的環境生存所需的技術與知識，或比較不能容忍風險。

可想而知他們很難想像科技的用途，也不願積極追求大幅度的成長。他們可能缺乏與生態系統夥伴建立關係的經驗，也沒感受過數位平台的力量。在傳統公司掌權的領導者，多半是從職能筒倉或垂直筒倉，也就是從行銷、財務或營運單位一路升遷。如果是從基層做起，就要爬上至少六個階層。類似這樣的職業生涯演進，幾乎無法累積消費者經驗，也很少有機會鍛鍊商業頭腦。即使是掌管損益單位的領導者，大概也不必為資產負債表負責，也很難設計適合數位時代的賺錢模式。

嶄露頭角的領導者必須爭取資源，操作權術，績效全以數字說話。傳統公司的績效考核，主要是回顧過往表現。有些是以顧客滿意度作為首要績效指標，或使用淨推薦分數指數。這兩者並非前瞻性的指標，也無法反映領導者的想像力或遠見。

在顧問公司歷練過的領導者，習慣分析眾多產業、爬梳事實，歸納出有用的資訊。他們往往很擅長整理內部與外部的資料，而且通常能認清整體局勢。但大多數終究還是失敗，因為缺乏管理大型企業、打造頂級團隊的經驗，或是自身的個性使然。他們擁有專業與智慧，容易自以為是全公司最聰明的人，所以不願參考他人的意見，無法打造、也無法領導公司的社會引擎。

傳統公司的執行長流動率應該會上升。他們當中有許多幾乎是無法改變自身心態與技能，或是改變的速度不夠快。打算轉型為數位公司的傳統公司，必須思考領導者是否有能力完成轉型。若是欠缺轉型的能力，公司就必須向外尋找領導者。亞馬遜已經成為人才工廠，也是各界徵才的首選。

在此同時，公司如果深入挖掘，也許能在現有人力當中，找出潛在的數位領導者。除了富達、B2W、迪士尼之外，我也看過許多公司，是由來自傳統公司的領導者，帶領公司走上數位化的軌道。

領導「潛力」應該包括數位領導者共有的特質：演算法的基本知識、顧客導向、商業頭腦、諸如想像力之類的個人領導特質，以及執行力。最重要的是，技能與個人特質的結合，必須能創造理想的判斷力。

人可以學習，也可以改變。我看過身經百戰的傳統公司最高層領導者，積極了解平台、演算法，以及資料在自家公司的用途。我也看見他們的思維與想像力是如何增廣。這些領導者當中，有一些本來不相信能達成十倍的成長，現在卻相信了。他們也有能力想像以更長的時間——七年或更多——滿足顧客的一種需求，也已經開始試驗並測試這種顧客需求的市場環境。他們知道競爭在所難免，也以更快的速度進行試驗，接受偶然出現的失敗。

千禧世代為未來的領導帶來更深厚的希望，但可能需要加強社交能力。對於具有電腦科學背景的千禧世代而言，寫程式、造平台、開發應用程式都是小事一樁。但他們的思維也有負面影響。這是二元的。這種經驗可能會導致他們的思考趨於兩極。他們可能欠缺同理心，缺乏細膩的社交技能，但要經營以團隊組織為基礎的數位公司，必須具備這兩項特質。適度的訓練會有幫助。整體而言，與其選擇缺乏數位世界所需的認知、技能與心理素質的傳統公司領導者，還不如大膽起用擁有數位世界的專業，只是缺乏經營企業經驗的年輕人。

數位巨擘的家數不多，全世界只有二十家左右。但這些企業的領導者，同樣面臨競爭。很多在業界擁有先發優勢，面對的競爭很少，甚至完全沒有競爭。但他們現在必須思考，能否在自己選擇的道路上持續成長，還是要向壓力低頭，承擔成長趨緩的風險，換取更高的每股獲利。即使有了發展成熟的賺錢模式、平台、品牌，以及消費者關係，新的挑戰還是不斷出現，例如與主管機關打交道，或是扭轉企業文化。

我相信會有新一代的領導者出現，也許來自四面八方，迎戰現在的數位世界的挑戰。了解這些領導者必須符合的標準，就更能找出這些領導者。為他們開闢一條成長的道路，他們就能有所發展，也許速度遠遠超乎我們想像。也許需要忽略其他方面，且認定必要的技能，比大量的經驗更重要。企業若能了解數位領導者的不同之處，發掘這些領導者，好好培養，就能擁有未能做到這一點的公司所欠缺的優勢。

這就是數位時代的競爭優勢。

第九章
重新思考真實世界的競爭優勢

現在，你認識了數位巨擘運用智慧而發掘的競爭優勢規則，接下來的任務就是要運用這些規則。大多數的公司並不是從零開始，而是一開始就具有能運用在數位時代的顯著優勢。將現有能力與數位科技加以整合，捨棄不再管用的東西，就能開啟通往十倍成長的道路。我看過領導者與他們的團隊一起思考這個問題。一旦整合成功，道路清楚浮現，就能發揮無比的力量。

要運用這些規則，應對必將發生的改變，例如賺錢方式的改變、重新訓練及重新組織人員，以及建立新生態系統。你會得到的收穫，是看見競爭優勢的構成因素互相結合，加快企業數位轉型的過程。

我開始寫這本書和進行相關研究之時，傳統企業全面數位轉型的例子非常罕見。現在則有更多企業開始行動，其中很多是處於企業對企業的領域。例如漢威就在整合自身的領域與數位專業，搭配更寬廣的生態系統，為生命科學產業提供平台。漢威並沒有創造這個市場，但在加快自身營收成長的同時，也會大幅擴張整個市場。

Delphi 公司另外成立了專門發展技術的 Aptiv。Aptiv 在執行董事長拉吉夫·古普塔與執行長凱文·克拉克的領導之下，要從逐漸衰退的老牌汽車零件供應商，轉型為移動市場的擴張者。Aptiv 不再只是動力裝置之類的機械零件製造商，也會提供運算平台，運用感應器與高階軟體的數據，發展並擴張自動駕駛車的領域。

即使是外行人，也能看見某些規模最大、歷史最悠久的企業，所出現的重大變遷。例如沃爾瑪的知名度很高，所以很容易觀察。沃爾瑪在發展自身數位能力的同時，也努力將某些人眼中的財務缺陷，轉化為競爭優勢：沃爾瑪計畫將三千五百七十一家「超級中心」，也就是販賣商品與雜貨的大型綜合式商店，打造成提供多元消費者經驗的中心。

二〇一九年九月，沃爾瑪在美國喬治亞州亞特蘭大附近的門市，開設旗下第一家醫療診所。沃爾瑪要運用這家示範診所，試驗並改良這個概念。目標是要提供消費者平價且便利的預防醫療，包括血液檢測、X光檢驗，以及眼部檢查。美國百分之九十的人口，住所的方圓十六公里之內，都有一家沃爾瑪門市。而且消費者如果正好在門市購物，或領取線上訂購的貨物，可能會比較願意使用店內的醫療服務，這些店內的醫療診所就能發揮極大的影響力。在引進醫療診所之後，下一步可能是增設牙醫與獸醫服務，以及金融服務與美容服務。這些都代表沃爾瑪只要挪出原本就有的小小空間，就能創造新的營收來源。

超級中心也會成為沃爾瑪不斷擴張的發行系統所不可或缺的一部分。而超級中心的運算能力，能促使沃爾瑪多方運用人工智慧、機器學習、機器人，以及其他科技應用。沃爾瑪在接近使用者的地方，廣為設置運算能力，又稱邊緣計算，能加快處理的速度。沃爾瑪執行長道格．麥克米倫說，若有多餘的能力，也可以賣給其他企業，例如提供講究處理速度的自動駕駛車使用。因此超級中心的邊緣計算，能創造額外的營收與獲利，也能帶給沃爾瑪的顧客更好的服務。

沃爾瑪持續擴張電子商務版圖，所用的方法之一，是購併規模較小的數位新創公司，例如 Bonobos 與 ModCloth，但同時也開放第三方加入自家的 Marketplace

網站。這些第三方賣家能使用沃爾瑪日益精進的物流服務，而且相較於亞馬遜，他們更信任沃爾瑪，因為有些人認為亞馬遜有利益衝突的問題。沃爾瑪現在擁有七千五百個品牌，Marketplace 在網路世界的競爭力也因而提升。電子商務成長會帶動營收成長，獲利也會隨之成長。蒐集來的資料經過匿名化處理，可以賣給廣告商。

沃爾瑪社會引擎的轉變也很明顯。沃爾瑪於二〇一六年購併 Jet.com，取得了不少技術人才，也充實了企業內不同的心態。二〇一九年五月，沃爾瑪任命蘇瑞西·庫瑪為科技長兼發展長。蘇瑞西·庫瑪先前任職微軟、Google，以及亞馬遜。二〇一九年十月，約翰·富納出任美國沃爾瑪的總裁兼執行長，麥克米倫表示，富納「正在轉向新的工作方式與思考模式」，後來也說富納「懂得數位思考」。

沃爾瑪將科技納入日常工作，以顧客經驗為重，同時重新定義工作。沃爾瑪成立了兩百家學院，重新訓練數十萬名員工的軟實力，比方說如何做一位好的指導。另外也要培養重新定義的工作所需的硬實力。沃爾瑪創辦人山姆·沃爾頓在一九九二年去世之前不久，曾說過一句名言：「我們有一項使命，就是幫大家省錢，提升生活品質。」麥克米倫則是追求在達成使命之外，還要有所突破。他說，不只是價格便宜，還要有價值、好用、有趣。

麥克米倫多年來始終是精明務實的傳統企業領導者。他大半個職業生涯都在沃爾瑪負責銷售工作。但他還是有能力重新塑造沃爾瑪的競爭優勢。他構思許多方法，將科技與現有實體空間結合，帶給顧客想要且需要的東西。他相信實體商店仍將扮演重要角色，但他也回到顧客的角度思考。他在二〇一九年十二月，對巴克萊資本的分析師凱倫．休特說：「顧客如果不要商店，我們就不會有商店。」[1]沃爾瑪財務長布萊特．畢格斯也說：「在我們看來，就是我們一定要按照顧客想要的方向前進。」[2]

麥克米倫與他的團隊目標明確，也有決心，但要實現願景，就要面臨隨之而來的財務挑戰。就算他們看見了通往十倍或二十倍成長的道路，又能否賺到達成目標所需的營業收入呢？畢格斯說：「管理階層要負責打理財務。」[3]他說，購併 Jet.com 與印度的 Flipkart 所費不貲，代表電子商務虧損升高，但他們幾年前在美國門市的生產力以及其他方面的投資，已經開始回收。

沃爾瑪持續走在數位轉型的道路上，麥克米倫相信各層面都能順利配合，為顧客而努力。他們也是以此為依據，評估每一項投資案，不是當成個別的案子，而是從顧客的立場與整體的角度思考。

麥克米倫懂得運用實體中心，再結合科技的力量，也許找到了新的競爭優勢來源。沃爾瑪可能會先擴大市場，再與亞馬遜較量。沃爾瑪採用科技，也許會比亞馬遜成立類似沃爾瑪的中心更為容易。沃爾瑪並不缺資金，又有人性化對待客戶的優勢，與亞馬遜的數字績效導向文化不同。所以形勢可能會扭轉。

人類會創造改變。新的競爭優勢來源會出現，競爭環境也會改變。這就是推動人類進步與生活標準提升的力量。你也可以是這股力量的一份子。

附錄

你是否做好在數位時代打造競爭優勢的準備？

下列問題能幫助你思考，如何在數位時代打造競爭優勢，也可以評估你是否真正具備這樣的能力。在回答的過程中，你越是發揮想像力，越是務實坦率，收穫就會越大。

一、你是否願意提升全程顧客經驗，以日益發達的演算法與人工智慧為基礎，運用新的方式打造生態系統？這不是能委託他人做的工作。你是否具備適當的心理特質？你能否想像企業未來的願景，是否擁有能實現願景的膽量、彈性、堅持，以及力量？很多領導者不曾經歷過這種速度，這種幾年都看不到投資報酬的非線性成長。要誠實評估自己能否接受這種速度，以及這種程度的風險。

二、你認為顧客的哪些經驗或需求，能創造十倍或百倍的市場？你會參與這個市場的哪一個部分？你是全心關注消費者經驗，還是經常拿自己與競爭對手比較？無論是現在，還是未來，都要觀察消費者，記錄全程消費者經驗的接觸點。只要運用資料分析工具，熟悉新興技術，就能做到這一點，但還是要運用你的判斷力。一開始先不要去想你擁有的資產，以及如何部署這些資產。你的思考也不應侷限在你自以為存在的框架之內。要思考：需要的是什麼？我們缺乏的是什麼？要把這個願景闡述給其他人聽，他們才能理解。

三、你需要什麼樣的數位平台？這個數位平台又將如何與生態系統連結？數位平台應具備敏捷、每日改善、動態定價等特質。這個問題必須由兼具技術性數位專家，以及非技術性的領域專家所組成的團隊回答。這個問題與前一個問題可能有所重複。資料與演算法，能強化你在哪一方面的能力？

四、賺錢模式將如何運作？你所選用的賺錢模式，能否持續為顧客創新，提供低廉的價格，同時為股東創造價值？你使用的模式，是否依循遞增報酬的法則，能否產生現金毛利？

五、你的金主是誰？在大多數的情況，你會需要長期的資金來源。現有的競爭對手會無所不用其極，阻止你得到立足之地，無論是透過動態定價的合法手段，或是遊走在合法的反托拉斯界線邊緣，日後再回歸正途（想想微軟是如何稱霸電腦作業系統市場）。有些金主為了要進入理想的層級，不惜規畫鉅額投資。他們認為這筆錢是投資，而非支出（信實工業藉由提供免費行動服務，「投資」電子商務）。

六、你需要哪些類型的人員與領導者，才能實現這個目標？這些人將如何合作？各團隊會不會共用空間，專注在與全體消費者相關的一項工作上？在哪些地方能將大多數的決策，簡化成單一決策階層？你所擁有的數位平台，能否提升整個企業的透明度？

七、哪一種回饋迴路，能讓你持續試驗、了解、改善現有的全程顧客服務，或想像新的顧客經驗？演算法與人工智慧能促進持續試驗與學習，策略就會是動態的，而非固定的，也就能帶動大幅成長，尤其是以創造新營收來源帶動成長。

即使釐清了策略行動的後續步驟，分配給各團隊，也還是要持續關注消費者，並熟悉**當前**科技所能發揮的作用。要持續接收資料，尋求見解，刺激創意思考。然後再次研究這些問題，你的競爭優勢，以及你的企業，就能長盛不衰。

備註

第一章　數位巨擘何以勝出

1 Alex Sherman, "How the Epic 'Lord of the Rings' Deal Explains Amazon's Slow-Burning Media Strategy," CNBC.com, March 8, 2019, https://www.cnbc.com/2019/03/08/amazon-prime-video-feature.html.

第三章　十倍、百倍、千倍的市場

1 Brad Stone, The Everything Store: Jeff Bezos and the Age of Amazon (New York: Little, Brown, 2013), 273.

2 Ibid., 41.

3 Microsoft website, https://news.microsoft.com/transform/starbucks-turns-to-technology-to-brew-up-a-more-personal-connection-with-its-customers.

4 India Brand Equity Foundation, "E-commerce Industry in India," updated January

2020, https://www.ibef.org/industry/ ecommerce.aspx.

第四章　位於企業中心的數位平台

1 有關 PageRank 與其他基礎演算法的簡單說明，請參閱 John MacCormick, Nine Algorithms That Changed the Future: The Ingenious Ideas That Drive Today's Computers (Princeton, N.J.: Princeton University Press, 2012).

2 Rob Copeland, "Google Lifts Veil, a Little, into Secretive Search Algorithm Changes," The Wall Street Journal, October 25, 2019.

3 Brad Stone, The Everything Store: Jeff Bezos and the Age of Amazon (New York: Little, Brown, 2013), 51.

4 Ibid.

5 Per Internet Retailer via Applico.

6 Sarah Perez, "Walmart Passes Apple to Become No. 3 Online Retailer in U.S.," Tech-Crunch, November 16, 2018.

7 Matthew Ball, "Disney as a Service: Why Disney Is Closer Than Ever to Walt's 60 Year

Old Vision," REDEF ORIGINAL, May 10, 2016.
8 "Gartner Says Worldwide IaaS Public Cloud Services Market Grew 31.3% in 2018," Gartner, Inc., press release, Stamford, Conn., July 29, 2019.
9 Arthur Yeung and Dave Ulrich, Reinventing the Organization (Boston: Harvard Business Review Press, 2019), 104.
10 Ming Zeng, "Alibaba and the Future of Business," Harvard Business Review, September–October 2018.

第五章　創造價值的生態系統

1 "Honeywell, Bigfinite Collaborate to Drive Digital Transformation," Contractpharma.com, February 2, 2020.
2 Laura Noonan, "Goldman Sachs in Talks with Amazon to Offer Small Business Loans," Financial Times, February 3, 2020.
3 Heather Somerville and Paul Lienert, "Inside SoftBank's Push to Rule the Road," Reuters, April 13, 2019.

4 Morgan Stanley's research report, Apple, Inc., Don't Underestimate Apple's Move into Healthcare, April 8, 2019, is the source for much of the specific data used throughout this section.

5 Maya Ajmera, "Conversations with Maya: Divya Nag," Science News, September 13, 2018.

第六章　數位公司如何賺錢

1 Ian Thibodeau, "Delphi to Split into Aptiv and Delphi Tech," The Detroit News, September 27, 2017.

2 Karen Weise, "Amazon's Profit Falls Sharply as Company Buys Growth," The New York Times, October 24, 2019.

3 Alex Sherman, "Netflix CEO Reed Hastings Says Subscriber Numbers Aren't the Right Metric to Track Competition," CNBC.com, November 6, 2019.

4 Liza Lin and Julie Steinberg, "How China's Tencent Uses Deals to Crowd Out Tech Rivals," The Wall Street Journal, May 15, 2018.

第七章　以團隊取代組織階層

1 有關亞馬遜內部營運的詳細資訊，請參閱我的作品（與楊懿梅合著），The Amazon Management System: The Ultimate Digital Business Engine That Creates Extraordinary Value for Both Customers and Shareholders (Washington, D.C.: Ideapress Publishing, 2019).

2 Ron Miller, "How AWS Came to Be," TechCrunch, July 2, 2016, https://techcrunch.com/2016/07/02/andy-jassys-brief-history-of-the-genesis-of-aws/.

第九章　重新思考真實世界的競爭優勢

1 FactSet CallStreet transcript of Walmart, Inc., Barclays Gaming, Lodging, Leisure, Restaurant & Food Retail Conference, December 4, 2019.

2 FactSet CallStreet transcript of Walmart, Inc., UBS Global Consumer & Retail Conference, March 5, 2020.

3 Ibid.

中英名詞對照表

人物

五至十畫

包柏・艾格　Bob Iger
包柏・查佩克　Bob Chapek
卡洛斯・艾伯托・西庫比拉　Carlos Alberto Sicupira
史提夫・賈伯斯　Steve Jobs
布萊特・畢格斯　Brett Biggs
布萊德・史東　Brad Stone
伊隆・馬斯克　Elon Musk
吉姆・克蘭默　Jim Cramer
安迪・賈西　Andy Jassy
安娜・塞伊卡里　Anna Saicali
米蓋爾・古鐵雷斯　Miguel Gutierrez
艾文・塞登博格　Ivan G. Seidenberg
艾瑞克・舒密特　Eric Schmidt
克利希納・蘇廷德拉　Krishna Sudheendra
克里斯・祖克　Chris Zook
李德・黑斯汀　Reed Hastings
里奇・葛林菲爾德　Rich Greenfield
奈森・克隆　Nathan Crone
拉吉夫・古普塔　Raj Gupta
拉姆・蘇布拉曼尼雅　Ram Subramanian
拉茲羅・巴克　Laszlo Bock
迪薇雅・納格　Divya Nag
法蘭克・洛維　Frank Lowy
威廉・布萊恩・亞瑟　W. Brain Arthur
派許・古普塔　Piyush Gupta

派翠克・紹爾 Patrick J. Sauer
約翰・麥考密克 John MacCormick
朗・米勒 Ron Miller
格雷格・諾斯 Gregory Knauss
泰德・萊維特 Ted Levitt
馬克・洛爾 Marc Lore
馬修・波爾 Matthew Ball

十一畫以上

基索爾・比亞尼 Kishore Biyani
麥可・波特 Michael Porter
麥特・萊恩 Matt Ryan
傑夫・貝佐斯 Jeff Bezos
傑夫・威爾克 Jeff Wilke
傑瑞・馬丁・弗里金格 Gerri Martin-Flickinger
凱文・克拉克 Kevin Clark
凱文・梅耶爾 Kevin Mayer
凱西・墨菲 Kathy Murphy
凱倫・休特 Karen Short
提姆・庫克 Tim Cook
普哈拉 C.K. Prahalad
湯瑪斯・貝葉斯 Thomas Bayes
葛連・德沃斯 Glen De Vos
道格・麥克米倫 Doug McMillon
雷夫利 A. G. Lafley
蒙尼希・庫瑪 Monish Kumar
蓋瑞・哈默 Gary Hamel
魯柏・梅鐸 Rupert Murdoch
賴利・包熙迪 Larry Bossidy

賴瑞・佩吉　Larry Page
戴夫・烏立克　Dave Ulrich
賽吉・布林　Sergey Brin
薩蒂亞・納德拉　Satya Nadella
羅伯・柯普蘭　Rob Copeland
羅伯特・格林布萊特　Robert Greenblatt
麗茲・懷茲曼　Liz Wiseman
蘇瑞西・庫瑪　Suresh Kumar

企業／機關

二至十畫

二十一世紀福斯公司　Twenty-First Century Fox
二十世紀福斯　Twentieth Century Fox
巴克萊資本　Barclays Capital
巴諾書店　Barnes & Noble
布萊根婦女醫院　Brigham and Women's Hospital
本田　Honda
全國人力資源協會　National Association of Human Resources
吉列　Gillette
安進　Amgen
安謀控股　Arm Holdings
百視達　Blockbuster
老虎基金　Tiger Fund
佛賀汽車　Vauxhall
狄金森大學　Dickinson College
貝恩策略顧問公司　Bain & Company
迅達集團　Schindler

迅銷 Fast Retailing
亞馬遜 Amazon
帕羅奧多研究中心公司 PARC
波士頓顧問公司 Boston Consulting Group
金百利克拉克 Kimberly-Clark
紅杉資本 Sequoia
美國食品藥品監督管理局 FDA
英特爾 Intel
特斯拉 Tesla
紐約大學朗格尼醫學中心 NYU Langone Medical Center
馬亨達集團 Mahindra and Mahindra
高盛 Goldman Sachs
高德納顧問公司 Gartner, Inc.

十一畫以上

梅奧醫院 Mayo Clinic
軟銀 SoftBank
通用汽車 GM
富達個人投資 Fidelity Personal Investing
富達財富管理 Fidelity Wealth Management
富豪 Volvo
華納媒體 WarnerMedia
奧迪 Audi
微軟 Microsoft
聖塔菲研究所 Santa Fe Institute
雷諾 Renault
漢威 Honeywell
漫威娛樂 Marvel Entertainment

福特　Ford
福斯　Fox
賓士　Mercedes
赫茲租車　Hertz
劍橋分析　Cambridge Analytica
歐寶汽車　Opel
澳洲航空　Qantas Airlines
盧卡斯影業　Lucasfilm
諾基亞　Nokia
戴姆勒　Daimler
聯合利華　Unilever
豐田　Toyota
願景基金　Vision Fund
寶獅　Peugeot
蘋果　Apple

書籍／媒體

《六人行》　*Friends*
《全球金融》　*Global Finance*
《我們的辦公室》　*The Office*
《貝佐斯傳：從電商之王到物聯網中樞，亞馬遜成功的關鍵》　*The Everything Store*
《幸福綠皮書》　*Green Book*
《玩具總動員》　*Toy Story*
《金融時報》　Financial Times
《倍增因子》　*Multipliers*
《海底總動員》　*Finding Nemo*
《執行力》　*Execution*
《組織革新》　*Reinventing the Organization*

《華爾街日報》　*The Wall Street Journal*

《瘋狂金錢》　Mad Money

《歐洲貨幣》　*Euromoney*

《競爭策略》　*Competitive Strategy*

《競爭優勢》　*Competitive Advantage*

其他

階段關卡流程　stage-gate process

心房震顫　atrial fibrillation

多倫多　Toronto

貝氏定理　Bayes' theorem

社會引擎　social engine

阿布奎基　Albuquerque

斯科茨代爾　Scottsdale

動力裝置　power train

基於變換器的雙向編碼器表示技術　Bidirectional Encoder Representations from Transformers

淨推薦分數　Net Promoter Score

量子電腦　quantum computers

感測器儀表板　Sensors Dashboard

資料集　data set

睡眠呼吸中止　sleep apnea

網絡效應　network effect

斷線計畫　Project Snap the Line

薩里　Surrey

雙邊平台　two-sided platform

邊緣計算　edge computing

變動率　churn rate

關於作者

我的使命

- 協助企業人士日益精進

我做過的事

- 長期擔任全球各大企業的執行長、董事會，以及其他主管的共鳴板，提供解決方案，建立互信關係。
- 協助董事會自我評估，提供中肯的建議，協助董事會改善運作。
- 提升董事會與管理階層之間的關係。
- 著有二十九種著作，其中包括四種暢銷書，均為依據實地觀察，專為企業人士所寫。
- 協助遴選傑出企業領導者與董事會成員。

- 協助企業進行數位化，改變商業模式，打造三個階層的組織架構。
- 曾任美國、加拿大、巴西、印度、中國等地十二家企業的董事會成員，現任五個董事會的成員。
- 以優異成績取得哈佛大學商學院MBA學位及企業管理博士學位，另榮獲最佳教師獎、全國人力資源協會傑出會員。

個人網站：Ram-Charan.com。

打造 100 倍全球大市場

數位企業和傳統企業數位轉型必備的六大新競爭優勢

作者　瑞姆・夏藍、潔莉・韋利根（Ram Charan & Geri Willigan）
譯者　龐元媛
主編　劉偉嘉
校對　魏秋綢
排版　謝宜欣
封面　萬勝安
社長　郭重興
發行人兼出版總監　曾大福
出版　真文化／遠足文化事業股份有限公司
發行　遠足文化事業股份有限公司
地址　231 新北市新店區民權路 108 之 2 號 9 樓
電話　02-22181417
傳真　02-22181009
Email　service@bookrep.com.tw
郵撥帳號　19504465 遠足文化事業股份有限公司
客服專線　0800221029
法律顧問　華陽國際專利商標事務所　蘇文生律師
印刷　成陽印刷股份有限公司
初版　2021 年 4 月
定價　360 元
ISBN　978-986-99539-4-8

歡迎團體訂購，另有優惠，請洽業務部 (02)22181-1417 分機 1124、1135

國家圖書館出版品預行編目 (CIP) 資料

打造 100 倍全球大市場：數位企業和傳統企業數位轉型必備的六大新競爭優勢／
瑞姆・夏藍、潔莉・韋利根（Ram Charan & Geri Willigan）著；龐元媛譯．
-- 初版．-- 新北市：真文化，遠足文化事業股份有限公司，2021.04
面；公分 --（認真職場；13）
譯自：Rethinking Competitive Advantage
ISBN 978-986-99539-4-8（平裝）
1. 企業策略 2. 決策管理 3. 企業競爭 4. 企業再造
494.1　110004766